全国主推高效水产养殖技术丛书

全国水产技术推广总站　组编

鲟鱼高效养殖致富技术与实例

殷守仁　杨华莲　主编

中国农业出版社

图书在版编目（CIP）数据

鲟鱼高效养殖致富技术与实例／殷守仁，杨华莲主编．—北京：中国农业出版社，2015.11（2017.9 重印）
（全国主推高效水产养殖技术丛书）
ISBN 978-7-109-21122-3

Ⅰ.①鲟…　Ⅱ.①殷…　②杨…　Ⅲ.①鲟科-鱼类养殖-标准化管理　Ⅳ.①S965.215

中国版本图书馆 CIP 数据核字（2015）第 268621 号

中国农业出版社出版
（北京市朝阳区麦子店街 18 号楼）
（邮政编码 100125）
责任编辑　郑　珂

中国农业出版社印刷厂印刷　　新华书店北京发行所发行
2016 年 5 月第 1 版　　2017 年 9 月北京第 2 次印刷

开本：880mm×1230mm 1/32　　印张：6.125　　插页：4
字数：155 千字
定价：28.00 元

丛书编委会

本书编委会

主　编　殷守仁　北京市水产技术推广站

　　　　杨华莲　北京市水产技术推广站

副主编　胡红霞　北京市水产科学研究所

　　　　张　黎　北京市水产技术推广站

编　委　殷守仁　北京市水产技术推广站

　　　　杨华莲　北京市水产技术推广站

　　　　胡红霞　北京市水产科学研究所

　　　　张　黎　北京市水产技术推广站

　　　　朱　华　北京市水产科学研究所

　　　　徐立蒲　北京市水产技术推广站

　　　　张清靖　北京市水产科学研究所

　　　　彭朝辉　北京北水食品工业有限公司

　　　　薛　敏　中国农业科学院饲料研究所

　　　　史亚军　北京农学院

　　　　李平兰　中国农业大学

　　　　罗　琳　北京市水产科学研究所

　　　　马立鸣　北京市水产技术推广站

　　　　周志刚　中国农业科学院饲料研究所

　　　　贾　晨　北京市水产技术推广站

王静波　北京市水产技术推广站
董　颖　北京市水产科学研究所
贾成霞　北京市水产科学研究所
王　嘉　中国农业科学院饲料研究所
桂　萌　中国农业大学
范晓莉　北京北水食品工业有限公司
王　宾　北京房山区养殖业报务中心
胡庆杰　北京市密云区水产技术推广站
刘蓬勃　北京农学院
石振广　北京鲟龙种业有限公司
蓝泽桥　湖北天峡鲟业有限公司
郜晓瑜　甘肃省渔业技术推广总站
孙文静　甘肃省渔业技术推广总站
夏永涛　杭州千岛湖鲟龙科技股份有限公司
任　华　湖北天峡鲟业有限公司
徐晓玲　北京市水产技术推广站
孙　洋　北京市水产技术推广站
张克啟　北京利康万茂种养殖有限公司

丛书序

我国经济社会发展进入新的阶段，农业发展的内外环境正在发生深刻变化，加快建设现代农业的要求更为迫切。《中华人民共和国国民经济和社会发展第十三个五年规划纲要》指出，农业是全面建成小康社会和实现现代化的基础，必须加快转变农业发展方式。

渔业是我国现代农业的重要组成部分。近年来，渔业经济较快发展，渔民持续增收，为保障我国“粮食安全”、繁荣农村经济社会发展做出重要贡献。但受传统发展方式影响，我国渔业尤其是水产养殖业的发展也面临严峻挑战。因此，我们必须主动适应新常态，大力推进水产养殖业转变发展方式、调整养殖结构，注重科技创新，实现转型升级，走产出高效、产品安全、资源节约、环境友好的现代渔业发展道路。

科技创新对实现渔业发展转方式、调结构具有重要支撑作用。优秀渔业科技图书的出版可促进新技术、新成果的快速转化，为我国现代渔业建设提供智力支持。因此，为加快推进我国现代渔业建设进程，落实国家“科技兴渔”的大政方针，推广普及水产养殖先进技术成果，更好地服务于我国的水产事业，在农业部渔业渔政管理局的指导和支持下，全国水产技术推广总站、中国农业出版社等单位基于自身历史使命和社会责任，经过认真调研，组建了由院士领衔的高水平编委会，邀请全国水产技术推广系统的科技人员编写了这套《全国主推高效水产养殖技术丛书》。

这套丛书基本涵盖了当前国家水产养殖主导品种和主推

技术，着重介绍节水减排、集约高效、种养结合、立体生态等标准化健康养殖技术、模式。其中，淡水系列14册，海水系列8册，丛书具有以下四大特色：

技术先进，权威性强。丛书着重介绍国家主推的高效、先进水产养殖技术，并请院士专家对内容把关，确保内容科学权威。

图文并茂，实用性强。丛书作者均为一线科技推广人员，实践经验丰富，真正做到了“把书写在池塘里、大海上”，并辅以大量原创图片，确保图书通俗实用。

以案说法，适用面广。丛书在介绍共性知识的同时，精选了各养殖品种在全国各地的成功案例，可满足不同地区养殖人员的差异化需求。

产销兼顾，致富为本。丛书不但介绍了先进养殖技术，更重要的是总结了全国各地的营销经验，为养殖业者更好地实现科学养殖和经营致富提供了借鉴。

希望这套丛书的出版能为提高渔民科学文化素质，加快渔业科技成果向现实生产力的转变，改善渔民民生发挥积极作用；为加强渔业资源养护和生态环境保护起到促进作用；为进一步加快转变渔业发展方式，调整优化产业结构，推动渔业转型升级，促进经济社会发展做出应有贡献。

本套丛书可供全国水产养殖业者参考，也可作为国家精准扶贫职业教育培训和基层水产技术推广人员培训的教材。

谨此，对本套丛书的顺利出版表示衷心的祝贺！

农业部副部长 

前言

鲟鱼是一种具有极高经济价值、营养价值和观赏价值的亚冷水性鱼类，具有肉厚、味美、骨软、营养丰富的特点。鲟鱼肉属于低脂肪、高蛋白质肉类，含有比其他鱼类高3～5倍的ω-3不饱和脂肪酸和造血维生素——叶酸，体重在5千克以上的活鲟鱼，肉质优于三文鱼和龙虾。鲟鱼鱼子酱为世界性高级营养滋补佳品，素有“黑珍珠”之称；鲟鱼的软骨、皮、鳍、肝、肠、肚可做成几十道风味各异的名菜。鲟鱼皮具有坚韧、耐用、美观等特点，可制成高档皮革；鲟鱼软骨富含硫酸软骨素，具有调节免疫功能、抗炎、抗癌等保健效果。总而言之，鲟鱼全身是宝。

目前，全世界有鲟鱼26种（也有报道为27种），我国有8种。在国内商业化养殖的品种超过10种，主要有西伯利亚鲟、施氏鲟、达氏鳇、欧洲鳇、俄罗斯鲟、小体鲟、匙吻鲟等，占鲟鱼养殖总产量的90%以上。但从养殖规模和产量来看，主要集中在西伯利亚鲟、施氏鲟、达氏鳇、匙吻鲟4个纯种鲟鱼和1种杂交鲟。

我国的鲟鱼研究始于20世纪50年代，70年代开展了鲟鱼生物学基础研究，80年代以后鲟鱼繁殖取得成功，并开始了长江中华鲟与黑龙江施氏鲟和达氏鳇的增殖放流工作，90年代中期至今，我国的鲟鱼养殖业从无到有，蓬勃发展，从黑龙江、辽宁、北京等省份向南方省份逐年扩展，2013年鲟鱼养殖产量已达55 184吨，占世界鲟鱼年产量的70%～80%，而且在基础研究和应用技术研究方面取得了一系列科研成果，为我国鲟鱼养殖发展奠定了坚实的基础。

在鲟鱼养殖业蓬勃发展的同时，也出现了亲鱼种质不纯、苗种质量良莠不齐、配套养殖技术少、病害研究不够深入、缺乏优质饲料、缺乏成本低且效果好的水处理技术等生产方面的问题，加之现代化的鲟鱼产品和副产品加工技术不够成熟，严重影响了鲟鱼产业的发展。

2012年，按照国家现代农业产业技术体系建设基本要求和北京市都市型现代渔业发展重点需求，北京市农业产业技术体系新增鲟鱼、鲑鳟鱼创新团队，该团队是整合首都渔业科技资源、凝聚各方渔业科技力量、促进都市渔业发展的一个重要平台，聚集了包括育种与繁育、饲料与安全、养殖与病害防控、食品加工流通与产业经济4个功能研究室共12位岗位专家，研究领域涵盖鲟鱼、鲑鳟的全产业链。经过4年多的实施，取得了良好的成绩。

本书内容主要是北京市鲟鱼、鲑鳟鱼创新团队的阶段性研究成果，也是由该团队资助出版。全书共分为9章，主要对鲟鱼的品种特征和市场前景、生物学特性、人工繁殖技术、健康高效养殖技术、鱼病防治技术、鲟鱼加工与综合利用进行了介绍，同时列出了养殖与经营实例，并配套大量的图片，以帮助读者更好地理解和使用本书。

本书第一章由杨华莲、贾晨、徐晓玲、孙洋编写；第二章由张清靖、贾成霞编写；第三章由胡红霞、董颖编写；第四章由薛敏、罗琳、王嘉编写；第五章由朱华、马立鸣编写；第六章由徐立蒲、周志刚、王静波编写；第七章由彭朝辉、李平兰、桂萌、范晓莉编写；第八章由史亚军、刘蓬勃编写；第九章由王宾、胡庆杰、石振广、蓝泽桥、夏永涛、郜晓瑜、孙文静、任华、张克啟编写。全书由北京市鲟鱼、鲑鳟鱼创新团队首席办公室主任杨华莲统稿和校对，由北京市水产技术推广站副站长张黎和北京市鲟鱼、鲑鳟鱼创新团队首席专家殷守仁审稿。

在本书编写过程中，编者参考了大量的国内文献，走访了一些京外养殖企业，在数据分析过程中得到了很大帮助和启发，也使本书的内容适用范围更加广泛。诚挚感谢各科研、推广单位和养殖企业提供的真实、可靠的数据，使得该书顺利完成。

本书内容翔实，科学实用，通俗易懂，可供基层水产科技人员和养殖户参考、借鉴。

编 者

2016年1月

目录

第一章　鲟鱼养殖的发展现状

第一节　鲟鱼养殖发展历程

鲟形目鱼类是硬骨鱼纲中唯一现存的大型软骨硬鳞鱼类，性成熟年龄长，由于其特有的经济价值、营养价值和生物学特性而备受世界的关注。但是由于一百多年来人类活动的加剧以及过度捕捞，导致所有鲟形目鱼类资源量急剧下降。20 世纪中期，人们开始逐步重视并研究增加鲟鱼资源的增殖方法。

鲟鱼养殖的历史，最早要追溯到 1860 年的俄国，当时俄国率先开展小体鲟的生物学研究及其繁殖。1891 年美国开始在俄亥俄州研究湖鲟的繁殖。20 世纪初，鲟鱼资源由于受水利工程、过度捕捞、水域环境污染等人为因素的影响，大多数种类处于濒危状态，有些种类还濒临灭绝，甚至绝迹。据史料记载，莱茵河下游捕获的最后一尾鲟鱼是 1942 年。

在过去的 200 年间，世界鲟鱼的年总产量波动在 1.5 万～4.0 万吨。世界鲟鱼的捕捞产量自 20 世纪 70 年代末开始大幅度下跌。到 90 年代中期，野生捕捞产量和养殖产量的总和跌到最低水平，其中野生捕捞产量继续下降。

鲟鱼产量的急剧下降，引起了世界各国的广泛关注，许多鲟鱼原产国都在产区设立禁渔期，以保护其繁殖种群在自然界正常繁殖，还有些国家划定了鲟鱼保护区，以此保护鲟鱼的繁殖种群和幼鱼在自然界正常生长、发育和育肥，许多国家还先后建立增殖放流站，对稳定补充群体的数量起到了积极的作用。

近些年来，美国、加拿大及欧洲一些国家均致力于保护鲟鱼资源，研究增殖和恢复鲟鱼资源的有效措施。主要措施包括：制定物种级的恢复计划、将鲟形目所有种类列入《濒危野生动物植物种国际贸易公约》(CITES)保护物种、实行配额制度以控制野生鲟鱼鱼子酱及其制品的进出口贸易等。鲟鱼自然资源的衰退、国际市场对鲟鱼产品、尤其是鱼子酱的需求的日益增加，使得鲟鱼养殖业迅速发展。

我国的鲟鱼研究从20世纪50年代开始，70年代开展了鲟鱼生物学基础研究，80年代以后鲟鱼繁殖取得成功，并开始了长江中华鲟和黑龙江的施氏鲟和达氏鳇的增殖放流工作，90年代中期至今我国的鲟鱼养殖业从无到有蓬勃发展。我国鲟鱼养殖虽然开始较晚，但发展迅速，近几年的鲟鱼养殖年产量已达2万～3万吨，占世界鲟鱼年产量的70%～80%，而且在基础研究和应用技术研究方面取得了一系列的科研成果，为我国鲟鱼养殖发展奠定了坚实的基础。

第二节　世界鲟鱼养殖现状

一、国外鲟鱼养殖概况

苏联鲟鱼养殖历史较长，规模较大，完成了闪光鲟、俄罗斯鲟、西伯利亚鲟和小体鲟等种类2代以上的全人工繁殖和养殖，并进行了多种组合的鲟鱼杂交利用，并于1952年首次成功地获得"百斯特"(Bester)(欧洲鳇×小体鲟)杂交种(国内称为小鳇鲟)。实践证明该杂交种的生长速度优势明显，可选育并能提早成熟，成为特别适合商品养殖的品种。已进行人工杂交的品种还有裸腹鲟×闪光鲟、欧洲鳇×裸腹鲟等。由于苏联开展鲟鱼养殖时间较长，对于养殖模式上的研究也是多种多样，主要有大水面移养、池塘养殖、网箱养殖和微流水养殖。

美国鲟鱼养殖起步较晚，但发展速度较快，已进行的有高首鲟的高密度养殖，并制定出湖鲟的繁育、养殖及管理的措施。加利福尼亚州众多鲟鱼养殖场已实现全电脑自动控制，可以达到每立方米水体150千克，1998年实际产量估计在1 000吨以上。

匙吻鲟人工繁殖的成功促进了美国和苏联进行全人工养殖匙吻

鲟，该品种现广泛应用于池塘养殖和水库养殖。

从20世纪60年代开始，保加利亚、匈牙利、德国、日本、法国、爱沙尼亚、乌克兰、意大利、罗马尼亚、丹麦、西班牙、比利时、伊朗、奥地利等国先后开展了鲟鱼的人工养殖。其中法国、意大利、德国、匈牙利已经人工养殖大量的西伯利亚鲟亲鱼，全人工繁殖的鲟鱼苗完全实现自给自足，还可以大批量地出口。高首鲟是美国加利福尼亚州和法国、意大利有关地区十分重要的养殖品种。2002年，加利福尼亚商品鲟鱼和鱼子酱的产量分别为750吨和3.5吨；意大利为750吨和2.5吨；法国为150吨和5吨。2002年上述地区的商品鲟鱼和鱼子酱的产量总计为2 000吨和9吨。

国外鲟鱼养殖一般都是企业行为，大都是股份制企业，企业的经营一般为生产、加工、销售一条龙，包括苗种、商品鱼和鱼子酱等生产环节，加工生产包括鱼子酱、鱼柳、熏制鲟鱼、鱼片、鱼鳔制胶及鱼皮制革等。

二、我国鲟鱼养殖业概况

（一）养殖产量

我国鲟鱼商业化养殖起步于20世纪90年代初，在国家立项资助下，黑龙江开始进行施氏鲟的人工养殖技术研究。之后，从黑龙江、辽宁、北京等省份向南方省份逐年扩展，到21世纪初，每年的鲟鱼养殖产量基本都超过1万吨，经过十几年的实践，养殖技术日益成熟。截至目前，鲟鱼养殖已经遍及我国除西藏以外的所有省份，2013年全国鲟鱼养殖产量达到55 184吨。

（二）我国鲟鱼的养殖种类

目前，我国养殖的鲟鱼种类有10多种，主要有西伯利亚鲟、施氏鲟、达氏鳇、欧洲鳇、俄罗斯鲟、小体鲟、匙吻鲟等，占鲟鱼养殖总产量的90％以上。从引进品种看，近几年，西伯利亚鲟在数量上占绝对优势，已成为我国鲟鱼的主导养殖品种，其次为杂交鲟与匙吻鲟。另外，近10年来，国际市场上鳇类鱼子酱作为鱼子酱中的珍品，其价值凸显，使达氏鳇的养殖规模也在逐年扩大。引进的其他鲟鱼种类还有：俄罗斯鲟、闪光鲟、裸腹鲟、高首鲟、湖鲟和各种杂交种类，一些品种已被淘汰，一些品种仍在试养中。国产的鲟鱼以施氏鲟为主，养殖地位仅次于西伯利亚鲟。

（三）鲟鱼苗种来源

我国鲟鱼养殖所用的苗种主要来源于三个方面：①捕捞野生亲鱼进行人工繁殖获得；②从国外进口受精卵，人工孵化获得；③通过养殖成熟亲鱼进行人工繁殖获得。

1998—2008年，上述三种来源的鱼苗比例，随着养殖的深入和进口环境的改变而变化：2004年以前，黑龙江野生鲟鱼苗占比最大，是养殖的主体；养殖初期鱼苗完全是野生和进口鱼苗。随着养殖成熟亲鱼繁殖的鱼苗开始进入养殖市场，逐步取代了进口和野生鱼苗，2006年，人工繁殖的鱼苗约占养殖用苗的50%，目前约占85%。

（四）鲟鱼养殖情况

进口的鲟鱼受精卵对人工驯养条件适应性很强，比自然捕捞的亲鱼所产的苗种更易适应人工养殖，苗种培育过程中使用配合饲料的开口、转口更容易，且成活率高。

根据鲟鱼不同发育阶段对温度的适应情况，形成了不同的养殖格局。通常是每年1—4月进口发眼卵或国内生产少量的自繁苗种，华北地区利用温泉或加温水进行孵化，经过一段时间培育后运到相关的养殖场进行养殖；5—6月，受精卵的来源主要靠黑龙江生产或从俄罗斯进口，然后在不同的地区孵化、育苗，再运输到商品鱼生产集中地进行养殖。我国北方地区，鲟鱼养殖10～16个月，福建、广东养殖9～10个月可达到上市规格（750克/尾）。我国的鲟鱼养殖通常分为两个阶段：①幼鱼培育阶段；②成鱼养殖阶段。养殖方式主要有微流水养殖、网箱养殖、池塘养殖、工厂化养殖等。

三、我国鲟鱼养殖面临的主要问题

（一）鲟鱼的良种选育问题

我国主养的施氏鲟、西伯利亚鲟、杂交鲟等的成熟时间均在7年以上，加之养殖历史短，生产企业的亲鱼贮备量小且分散，尽管建立了一些不同级别的原、良种场，但养殖种类的系统选育工作仍处于空白状态。目前，有亲鱼的厂家都搞繁殖生产和鱼苗销售，特别是一些引进鲟本身就是杂交种，遗传背景不清，无序杂交的情况也非常普遍，造成种质退化、生产性能下降，影响产业的健康发展。

我国鲟鱼养殖应尽快解决以下几方面的问题：①规范现有原、良种场的技术管理，查清亲鱼和后备亲鱼的遗传背景，建立亲鱼档案，逐步开展系统选育工作。②原、良种场定期补充主养鲟原种，扩大亲鱼群体，实现有选择、有计划的繁育和扩大生产，保证良种供应。③建立苗种市场准入制度，严禁没有资质的厂家生产和销售鲟苗种。

（二）养殖商品鱼规格问题

鲟鱼属于大型鱼类，生长潜力表现在后期。苗种培育阶段的成活率较低，苗种费用是养殖的主要成本之一，1龄以后成活率极高，养殖大规格鱼的相对成本会降低。但由于消费者对鲟鱼有整条、鲜活的消费要求，致使商品鲟鱼养殖规格为1～2千克/尾就上市，实际上餐桌上消费的大部分是鱼种。在资源有限、苗种来源紧张的情况下，这样的生产和消费方式尽管极不合理，但在短时间内很难改变。

（三）有效水域利用问题

我国水资源分布很不均匀。随着经济的快速发展，各行各业，尤其是工业对水资源的需求量大幅增加，对水资源的竞争日趋激烈。对于水产养殖行业来说，养殖水域和用水量已经成为限制其发展的瓶颈问题。

与鲤、草鱼等普通淡水鱼相比，鲟鱼养殖对水质的要求更高，这就决定了能够养殖鲟鱼的水域很有限。虽然我国西南地区确实有许多温度适宜、饵料丰富、适合鲟鱼增养殖的水体，可以采取定期投放、定量捕捞方式获得商品鱼和成熟亲鱼，甚至获得鱼子酱，但由于管理困难、投入大、投资周期长等原因，仍未能真正获得有效利用。

另外，水产养殖的自身污染问题也使得有效养殖水域越来越小，水质的严重恶化，导致鱼病暴发，甚至发生大规模死亡，给养殖者带来巨大的经济损失。

四、鲟鱼养殖产业发展建议

（一）充分利用水源，建立鲟鱼特色品牌

我国北方水资源虽然不如南方充足，但是鲟鱼养殖产业的起源来自北方，北方多个地区如黑龙江、辽宁、北京、河北等也具有发展养鲟业的巨大优势，适合打造“鲟鱼绿色产业”。

各地应利用地区优势，大力发展鲟鱼产业，创造出自身特色，打造以加工产品出口、生态游钓和对外服务业为依托的可持续发展的开放型都市渔业。

（二）加强优良品种的选育工作

目前我国进行的大量研究工作主要集中在施氏鲟、达氏鳇及其杂交种和中华鲟的育种研究，渔业部门要重视对进口品种的选育与培育，进一步筛选出生长速度快、抗逆性强、适合北方地区生长的优良鲟鱼品种。建立育种协作组织，促进良种企业间的鱼种交换，提升苗种质量，并逐年选留后备亲鱼，扩大后备亲鱼群体数量，加强现有后备亲鱼的培育和选育，使之尽早进入繁殖生产，实现鲟鱼

增养殖的良性循环。

在各级良种繁育基地，对基地亲鱼种群进行种质鉴定，提高亲鱼遗传背景的清晰度，保证用于生产的亲鱼种群种质清晰度达到90%以上。建立和完善鲟鱼家系及亲鱼的档案管理制度，保证亲鱼种群，并逐步建立鲟鱼人工繁殖技术体系。

（三）加强鲟鱼产品的深加工开发，扶持鲟鱼龙头企业，推进鲟鱼产业化

我国养殖鲟鱼已有20多年的历史，养殖技术已趋于成熟，产量也相对稳定，下一步的工作就是要加快开发鲟鱼的深加工产品。如果继续局限在活鱼进入水产批发市场这种单一出路的局面，将会制约鲟鱼养殖业进一步发展。所以，必须重视鲟鱼产品的深加工开发。

鲟鱼深加工可考虑的选择有：肉制品（半成品、成品、熏制品），鱼子酱（出口），药品和保健品，化妆、工业用骨胶，鱼体各部位分割制品、制革用鱼皮等。开发鲟鱼的深加工产品，一方面使鲟鱼资源得到充分、合理利用，增加产品的科技含量，提升产品档次和附加值，为企业创造更大经济效益。同时，可丰富水产品市场的内涵，满足人们生活的追求和奢望。另一方面，鲟鱼产品多样化，市场寻求量增加，必然带动鲟鱼养殖业的进一步兴旺和发展。深加工产品将为我国鲟鱼制品的出口开拓出广阔的市场。我们应抓住机遇，加快步伐，重点扶持一批鲟鱼加工企业，提高鲟鱼加工质量和卫生状况，瞄准国际市场，发展功能性、休闲性食品和药物产品，不断提高我国鲟鱼产业的整体效益和市场竞争能力，创建名牌产品。

（四）建立鲟鱼协会，加强企业交流实现合作共赢

目前，我国鲟鱼养殖业从苗种进口企业、苗种繁育企业，到大的养殖龙头企业和加工企业，都已经发展到相对集中的阶段，比较容易协调起来。应建立相应的鲟鱼协会，以促进鲟鱼企业的合作，增加鲟鱼行业的凝聚力，真正实现鲟鱼养殖企业资源共享、优势互补、互利共赢、共同发展的目的。

第二章　鲟鱼养殖场建设与水质管理技术

第一节　场址选择

养殖鲟鱼必须具备适宜的自然环境和养殖条件，既要有满足生产需求的气候、水源、水质条件，又要具备与鲟鱼生物学特性相适应的鱼池和养殖设施。因此，在建设养殖场之前，应对场址进行实地勘察，系统全面地调查、分析其环境条件，充分考虑以下几点因素，研究和论证其是否适宜建场。

一、自然条件

鲟鱼对自然环境条件要求较高，养殖场应选择安静、阳光充足的区域，避开公路、喧闹场所、噪声较大厂区及风道口，并且建场地应保证取水地上游3千米范围内无工矿企业、畜禽养殖场、医院、化工厂、垃圾场等污染源，具有与外界环境隔离的设施，周边生态环境良好；除此以外，规划建设鲟鱼养殖场时，在北方要考虑冬季气候对养殖生产的影响，对渠道、护坡、路基等加建防寒设施等；在南方要考虑洪水对设施的影响。

二、水源

水源可分为江河、溪流、湖泊水库、地下水（井水）、涌泉水等几种类型。由于鲟鱼对水环境变化比较敏感，因此在养殖用水的水源选择上，不仅要求水源充足，水量变化幅度小，而且还要求水质良好，水体清洁，不浑浊，无污染且溶氧量较高。

江河水受地表径流作用的影响，水质易变化，因此以江河水为鲟鱼养殖用水水源对水质控制较困难，在生产中应特别警惕水质污染问题，尤其要杜绝农业排放水、生活污水、工业污水混入养殖水体。另外，在北方冬季江河水会结冰，水温和水位均较低，如能够采用涌泉水、地下水和江河水等几种水源混合使用的方式，可以起到调节水温、补充水量不足的作用。

湖泊水库由于水域广阔，水质清澈，水温波动范围小，是十分适宜增养殖鲟鱼的水源，不仅可以降低养殖成本，而且能够提高湖泊水库水体的利用效率。但湖泊水库中生态结构组成复杂，因此在利用这类水源养殖鲟鱼时，必须设置拦鱼栅，防止混入野杂鱼；同时还应加强鱼病的防治工作，避免湖泊、水库中的病原被带入养殖池中，造成鱼病传播。

地下水（井水）的水温比较恒定，悬浮物少，溶解盐类浓度也较稳定，但水体中溶氧量较低，个别地区地下水的硬度较高，在以此类水作为鲟鱼养殖用水水源时，应进行曝气处理，提高水中溶解氧。地下水养殖鲟鱼的优点是可根据需要随时调节水量，不受养殖规模约束，但作为水源的地下水供水量需能满足养殖需求。地下水一般采用水泵等提水，与其他水源相比成本略高。

涌泉水水质清澈，无污染，水温周年变化范围小，可满足鲟鱼养殖的各项生产需求。目前国内外均以山涧溪流、长年不断的涌泉水为养殖鲟鱼的最佳水源。但鉴于此类水源对水文、地质环境要求较高，因此还需根据具体的自然条件对水源进行合理选择。

三、水质

养殖用水的质量直接影响鱼类的生长、发育和繁殖，是养殖生产的关键控制因素之一。由于鲟鱼对水环境变化的敏感性，其养殖用水的水质要求必须符合《渔业水质标准》（GB 11607—89）和《无公害食品　淡水养殖用水水质》（NY 5051—2001）规定。具体水质标准见表 2-1。

表 2-1　鲟鱼养殖用水适宜水质条件

项目	标准值
色、臭、味	不得使养殖水产品带有异色、异臭和异味
总大肠菌群（个/升）	≤5 000
水温（℃）	20～24
透明度（厘米）	＞30
溶氧量（毫克/升）	＞6
pH	7～8
总硬度（德国度）（°）	5.5～8.5
二氧化碳（毫克/升）	＜10
氯离子（毫克/升）	＜10
有机氮（毫克/升）	＜0.5
氨氮（毫克/升）	＜0.5
亚硝酸氮（毫克/升）	＜0.1
硝酸氮（毫克/升）	＜1.0
磷酸盐（毫克/升）	＜0.2
硫化氢（毫克/升）	0
硫酸盐（毫克/升）	＜10
铁（毫克/升）	成鱼＜1 仔幼鱼＜0.5
铬（毫克/升）	≤0.1
锌（毫克/升）	≤0.1
铜（毫克/升）	≤0.01
铅（毫克/升）	≤0.05
砷（毫克/升）	≤0.05
镉（毫克/升）	≤0.005
汞（毫克/升）	≤0.000 5
石油类（毫克/升）	≤0.05
挥发酚（毫克/升）	≤0.005
乐果（毫克/升）	≤0.1
DDT（毫克/升）	≤0.001
六六六（丙体）（毫克/升）	≤0.002
马拉硫磷（毫克/升）	≤0.005
甲基对硫磷（毫克/升）	≤0.000 5

（一）水温

水温直接影响鱼类的摄食、代谢、生长、繁殖等生命活动。多数鲟鱼生长的适宜水温为 17～27 ℃，最适范围为 20～24 ℃。在此温度范围内，鲟鱼的代谢率和摄食量会随水温的升高而增大，养殖过程中必须根据水温变化调整投饲量。北方地区冬季低温期鲟鱼需要采取人工越冬措施才能维持一定的生长速度，生产上通常采用电加温、锅炉加温、开采利用温泉水等提高水温的方法。水温还会影响水中溶解氧含量等水质理化指标。因此，在养殖过程中必须每天测量水温并根据温度的变化规律安排生产管理。

（二）透明度

透明度的大小可以反映水中浮游植物的数量以及水质的肥瘦程度。水体的透明度主要取决于水中浮游生物，特别是浮游植物的含量，此外微生物、有机碎屑、泥沙及其他悬浮物也对其有影响。鲟鱼养殖用水对透明度有较高的要求，一般需大于 30 厘米，最低不得低于 25 厘米。

（三）pH

pH 是影响鱼类生命活动的重要水质指标之一。pH 低于 6.5 时，鱼类代谢降低，摄食量减少，体质下降，抗病能力减弱，生长受到抑制。反之，pH 过高（pH＞10），则会腐蚀鱼的鳃组织，妨碍鱼体呼吸，同样会抑制鱼类的生长发育。pH 还会对水体中有毒物质的化学态及毒性产生影响。pH 升高，水体中非离子态氨浓度增大，毒性增强。pH 下降，硫离子（S^{2-}）更易转化为有毒的硫化氢分子；含有重金属离子的配合物或沉淀物也相继分解或溶解，致使游离态重金属离子浓度增大，毒性增强。鲟鱼的最适生长 pH 为 7.0～8.0，但在 pH 6.5～9.0 的水体中也可生长。生产上可通过泼洒石灰来调节 pH。

（四）硬度

硬度是指水中钙、镁离子的总含量，是养殖用水的一项重要指标。钙和镁都是生物生长发育必不可少的营养元素，它们不仅构成了动物骨骼和植物细胞壁，而且还参与其体内新陈代谢的调节。钙含量不足会严重阻碍鱼类的生长。钙离子浓度增加可以减少生物对重金属离子的吸收从而降低其毒性。鲟鱼对水体硬度的要求较高，最适硬度为5.5°～8.5°，水体中钙含量应保持在3毫克/升以上。

（五）水中气体

养殖水体中含有溶解氧、二氧化碳等各种溶解性气体。氧气是鱼类生长的必要条件。一般认为养殖鲟鱼用水的最佳溶氧量需大于6毫克/升。不同水源的水体中溶氧量存在较大差异，流水养殖所采用的江河、溪流水，由于时刻处于流动状态，大气中的氧气可以不断地溶解在水中，进而使其溶氧量保持较高的水平。而池塘作为几乎静止的小水体，从大气中获取的氧气量有限，溶解氧的主要来源是浮游植物通过光合作用释放的氧气，容易发生溶氧量过低的现象。湖泊、水库虽然水面也处于相对静止状态，但由于水域面积广阔，风力作用所产生的微小波浪可促进水体和大气之间的气体交换，加之各类浮游植物所产生的氧气，故而缺氧现象极少出现。此外，水体中的溶氧量昼夜变化显著，一般日间含量较高，午后达到峰值；夜间较低，清晨日出前最低。溶氧量还受水体中的微生物种类、数量和有机物含量的影响。生产中，常采用人工曝气、加开增氧机器、增大水交换量等手段实现对养殖用水的增氧。

二氧化碳是水中植物进行光合作用的物质基础，但其含量过高也会对鱼类生长产生不利影响，养殖水体中较适宜的二氧化碳含量为20～30毫克/升。水体严重缺氧时产生的沼气和硫化氢会严重危害鱼类生长，因此这两种气体在养殖水体中严禁出现。

四、电力、交通和通信

养殖场每年有大量的苗种、饲料等生产物资和养殖产品运进、运出，便捷的交通、充足的供电和发达的通信条件是保证养殖生产正常运行的必要条件。因此，新建或改建鲟鱼养殖场最好选择在“三通一平”的地方，以便及时了解市场行情，获得较好的经济效益。

第二节　养殖池布局

一、布局原则

养殖池塘在选址定点时，需从地理自然环境、经济效益等多方面综合考虑，本着“以渔为主，综合利用”的原则来总体规划和布局，既要保证养殖鱼类健康生长与繁殖，又要创造良好的生态环境。

养殖场的规划建设应遵循以下原则。

（一）布局合理

根据养殖鱼类的习性、养殖模式、疾病防控和方便管理的原则，合理安排各功能区，做到布局协调，结构合理，既能够满足当前生产及近期养殖安排，又为长远发展规划留有余地。

（二）符合养殖鱼类生态习性

根据自然条件，合理设计池塘形状、走向、面积及深度等，并要充分考虑繁殖设施与养殖设施的配套，以满足水产品的生长及习性需求，提高水体生产力。

（三）利用地形结构就地取材

本着经济实用的原则，充分利用地形结构规划养殖池塘，减少挖方和填方量，并合理安排各类建筑物的位置，因地制宜。在建设过程中，应做到取材方便，节约生产成本，实用为先。

（四）做好土地和水面规划

养殖池塘的规划建设要充分考虑土地的综合利用问题，利用好沟渠、塘埂等土地资源，建造净化沟渠和生态过滤池，并种植适合当地自然条件的水生植物以净化养殖用水。有条件的还可以建设人工湿地，净化排水，实现养殖生产的可循环发展。

二、布局形式

养殖池塘的布局形式，包括养殖池塘区域、生活办公区域及排水处理区域等。应根据各类建筑物的特点、相互关系和生产上的要求，结合地理环境合理安排。总体要求是便于生产和管理，易于操作，使生产效率得到充分发挥。

第三节　养殖设施

一、池塘

（一）形状和朝向

池塘形状的选择在养殖设施中起到至关重要的作用，应考虑到水体交换完全、养殖操作的便捷以及对地形的合理开发利用等因素，在选择养殖池塘形状时，根据地形的来水流量的不同，池塘可选择规则一些的形状，作为池塘的整体面貌。一般养殖池塘形状有圆形、椭圆形、六角形、正方形、长方形、水道形和不规则形等很多种。不论池塘的形状如何，都应避免出现涡流（圆形池除外）、短路和静水区域。涡流会让池中残饵粪便等污物长时间滞留于池中难以去除；由于出水口位置设置的不恰当而造成的短路会使源头水进入鱼塘未能和养殖水体充分交换而直接随水体流出；静水区域则会使得池塘中水体交换不充分。

目前国内建设的养殖池形状以长方形与长圆形结合鱼池较多，

水道形鱼池数量紧随其后。长方形鱼池其特点明确，利用率高，方便建设，相邻鱼池间可共用的池堤大，在清理池塘、起网捕捞等操作上比较方便。长方形鱼池控制好长宽比是关键，一般长宽比为（2～4）：1。长宽比小的池塘，池内水流状态较差，死角和死区较多，不利于养殖鱼类的生产和繁殖。长圆结合鱼池中部为矩形，两端为半圆形，类似跑道。水流较为顺畅，水体搅动方便且更加均匀。这种形状的鱼池管理起来更加方便，在鲟鱼养殖中较为常用。

池塘的朝向选择应结合场地的地理位置、水文背景、风向规律等因素，考虑是否有利于风力搅动水面，增加溶氧量等因素。在山区建造养殖鱼塘，应根据地形选择背山向阳的位置。

（二）面积、深度

池塘的面积取决于养殖模式、养殖品种、池塘类型、池塘结构等。鲟鱼养殖池塘要求面积较大，池水较深，水源充足且流速平稳畅通。通常，池塘面积大一些，风力易使水面形成波浪，促使池水上下水层充分搅动，形成对流，提高下层水的含氧量，同时促进物质循环，改善池水质量。然而，面积过大的池塘也有弊端，如进排水不方便、水交换不完全、食物残渣及排泄物易于淤积等，不利于养殖人员的日常操作和管理。为了科学合理地得出养殖池的面积，通常采取以下两种方法。

1. 根据水流量与池水交换率计算

水体交换率是指养殖池水中 1 小时交换次数，可用下面公式计算：

$$R=F/(S\times H)$$
$$S=F/(H\times R)$$

式中：R——1 小时水交换率；

F——水流量（米^3/小时）；

S——鱼池面积（米^2）；

H——养殖水深（米）。

2. 根据单位面积年生产量计算

$$S=(F\times P_f)/P_y$$

式中：S——鱼池面积（米^2）；

F——水流量（米^3/秒）；

P_f——单位流量年鱼产量（千克/米^3）；

P_y——单位面积年鱼产量（千克/米^2）。

池塘的水深是指池底至水面的垂直距离，池深是指池底至池堤顶的垂直距离。养鱼池塘有效水深是不低于1.5米，一般成鱼池的深度在2.5～3.0米，鱼种池在2.0～2.5米；北方越冬池塘的水深达到2.5米以上。池埂顶面一般要高出池中水面0.5米左右。

水源季节性变化较大的地区，在设计建造池塘时应适当考虑加深池塘，以保证水源缺水时池塘有足够的水量。深水池塘一般是指超过3.0米以上的池塘，深水池塘可以增加单位面积的产量，节约土地，但需要解决水层交换、增氧等问题。

综上所述，结合实际生产经验，鲟鱼养殖池塘面积一般以0.3～0.7公顷为宜，水深在2.2～3.0米；同时要求电力设施齐备，以保障养殖机械的正常使用。

（三）池埂

池埂是池塘的轮廓基础。流水池要承受较大水流冲击，池埂应有较高的强度。面积较大的鱼池，池埂一般采用匀质土筑成，较小面积的鱼池多选用砖、石加水泥浆砌并用水泥抹面。埂顶的宽度应满足拉网、交通等需要，一般为1.5～4.5米。池埂的坡度大小取决于池塘土质、池深、护坡与否和养殖方式等。一般池塘的坡比为1∶(1.5～3.0)，池塘较浅时坡比为1∶(1.0～1.5)。

（四）池底

目前鲟鱼养殖主要以水泥养殖池为主，池底要求平坦，及时清除过多的淤泥，保持水质良好。此外，为了方便池塘排水、水体交换和捕鱼，池底应有相应的坡度，开挖相应的排水沟和集鱼坑。池塘底部的坡度一般为1∶（200～500）。在池塘宽度方向，应使两侧向池中心倾斜。面积较大且长宽比较小的池塘，底部应建设主沟和支沟组成的排水沟；面积较大的池塘也可按照“回”形鱼池建设，池塘底部建设有台地和沟槽；在较大的长方形池塘内坡上，为了投饵和拉网方便，一般应修建一条宽度约0.5米的平台，平台应高于水面。

二、进水和排水设施

鱼池进水、排水设施的结构及位置是池水交换充分及生产安全的重要保证。鲟鱼养殖池塘进排水系统必须严格分开，以防自身污染，必须同时具备进水口、排水口、闸口、拦鱼网或栅、排污渠等条件。

（一）进水设施

进水口依照水量的大小、水压的高低可以采取射水、喷水和广口散流等方式。射水式以金属管道接通来水管道出水端压制成扁平的扇形，流水呈扇面状洒射池中；喷水式以管道接通来水，管道出水端口堵塞，流水经出水端壁上钻凿的微孔喷滴入池中。射水池和喷水池中的水仅作用在水的表面，多用于小规模生产。广口式进水指鱼池与引水渠之间通过较为宽敞的明渠接通，使得水直接流入池中，目前在较大规模高密度生产中广泛应用。

进水口可设为单口或者多口，但广口式进水口需高于鱼池水面一定距离（至少80厘米），保证水顺利入池，并且要有一定的落差使得水跌入鱼池充分曝气、增氧。进水口的宽度视鱼池宽度而定，一般长方形鱼池如果宽度较小的话，进水口可以前后对应地设置在两个宽度的中部，若宽度较大时，除相应地扩大进水口的宽度外，一般将进水口设置于对角上，这样可以避免多一个死角。进水口一般采用喇叭形，以增加流入池水的断面，从而加大与空气的接触，增加溶氧量。如果进水口与池水之间的落差很小，应设置防逃网，防止鱼逃逸，同时设置闸板，用以调节供水量，也可在闸板上设置拦污网，防止野杂鱼和污物进入养殖池。拦鱼栅一般选用金属材质的筛网，可以根据鱼体的规格调整网目尺寸[①]。

（二）排水设施

排水口应设在鱼池的最低处，以能排干池塘全部水为好。排水渠道要满足不积水、不冲蚀、排水流畅、线路短、工程量小、造价低、水面漂浮物及有害生物不易进渠等方面要求，利用自流排放为宜。排水口的深度一般不应高于池塘中间位置。与此同时，排水口也要与鱼池形状相适应，力求避免鱼池中涡流、短路和死角的存在，提高池水的有效利用程度。长方形鱼池排水口与上述进水口位置相同；六边形的排水口一般位于较窄的边的中部，前后对应。三角形或者梯形的鱼池排水口一般安排在左右梯角处，进水方向大致垂直于对面的底边；方形鱼池排水口多为对角设置；圆形鱼池多以沿圆周切线方向进水，底部中心出水，以利于以出水口为中心的涡流的形成及污物的集中。

排水口一般分为表面持续溢流排水和底层间断冲流排水两种方式。如果条件允许，可设置专门的排水口。平时，池水由底部防逃网进入排水口，上升过程中污物逐渐沉淀，清水经溢流管排出。池水经这一运动过程，交换更为充分且排水不易堵塞。当排污井中的污物积累到一定程度时，骤然提起排污堵塞物，或者开启排污阀门，池水在较大的水压作用下带着污物冲泄而出，待水位降到一定程度，污物会堵住排污管，池水表面溢流排出。排水、排污的过程中应避免逃鱼和减少管道堵塞，排水口的大小应依鱼池大小而定，以最小规格的鱼不致逃逸而定，尽可能宽一些。

排水口一般设置2～3层，如果表面持续溢流排水，则第一层为拦鱼栅，网目较大；第二层为控制水位的闸板，可以用来调节鱼池水位，水由闸板上流过。这种形式的排水口经实践证明在冷水鱼

---

① 筛网有多种形式、多种材料和多种形状的网眼。网目是正方形网眼筛网规格的度量，一般是每2.54厘米中有多少个网眼，名称有目（英国）、号（美国）等，且各国标准也不一，为非法定计量单位。孔径大小与网材有关，不同材料的筛网，相同目数网眼孔径大小有差别。——编者注

养殖中排污效果不理想，更多的鲟鱼池采用底层间断冲流排水方式，从而提高排污效率。底层间断冲流排污方式第一层为拦鱼栅，第二层是上部挡水下部排水的闸板，便于污物流出；第三层是控制水位的闸板。在养殖密度较高的鲟鱼池中，采用底层间断冲流排水方式，排污速度快并且彻底。除此之外，如果有条件的话，还可以把排水和排污分开进行，分设排水沟、排污沟，各有渠道，效果更好。

第四节　水处理设施

一般来说，水产养殖场的水处理，包括水源水处理、养殖排放水处理、池塘水处理等方面。鲟鱼对养殖用水的水质要求较高，养殖用水水质的好坏直接关系到养殖的成败，需对水中的悬浮物、有机物、敌害生物、致病微生物和有害物质等处理后，方可用于鲟鱼的养殖生产。养殖排放水必须经过净化处理达标后，才能排放到外界环境中。

一、水源水处理设施

鲟鱼养殖水源水水质如果存在问题或阶段性不能满足养殖需要，应考虑建设水源水处理设施。水源水处理设施一般有沉淀池、快滤池和杀菌、消毒设施等。

（一）沉淀池

沉淀池是应用沉淀原理，借助水中悬浮固体本身的重力，使其与水分离，去除水中悬浮物的一种水处理设施。按沉淀物质的性质和浓度主要分为自由沉淀和絮凝沉淀。沉淀池的水停留时间一般应少于 2 小时。

沉淀池结构分为平流式、辐流式和竖流式等。平流式沉淀池为长方形水池，砖混结构，其结构简单，造价低，适用于水量和温度变化大的养殖用水；辐流式沉淀池为漏斗形圆形池，池中间进水，由不同高度的进水孔进水，其排污管在沉淀池的漏斗最深处；竖流式形状同辐流式，但池水由池的中底部进入。

（二）快滤池

快滤池是一种通过滤料截留水体中悬浮固体和部分细菌、微生物等的水处理设施。对于水体中含悬浮颗粒物较高或藻类寄生虫较多的养殖水源水，一般可采取建造快滤池的方式进行处理。快滤池一般有2节或4节结构，快滤池的滤层滤料一般为3～5层，最上层为细沙。

（三）杀菌、消毒设施

养殖场孵化幼苗或其他特殊用水需要进行水源水杀菌消毒处理。目前，常用的杀菌、消毒的装置为紫外杀菌装置、臭氧杀菌装置或臭氧-紫外复合杀菌消毒等处理措施。

臭氧杀菌消毒设施一般由臭氧发生机、臭氧释放装置等组成。臭氧是一种极强的杀菌剂，水中极强的氧化能力高于氯化物，能破坏和分解细菌的细胞壁，并迅速扩散透入细胞内杀死病原。臭氧杀菌应注意生成的臭氧必须在密封的反应室内，与水充分混合，防止臭氧因混合时间短而逸出；其次是必须确定臭氧的最佳使用量和接触时间，一般臭氧浓度为0.1～0.3毫克/升，处理时间一般为5～10分钟。在臭氧杀菌设施之后，应设置曝气调节池，去除水中残余的臭氧，以确保进入鱼池中的臭氧低于0.003毫克/升的安全浓度。

紫外杀菌装置是利用紫外线杀灭水体中细菌的一种设备和设施，常用的有浸没式、过流式等。浸没式紫外杀菌装置结构简单，使用较多，其紫外线杀菌灯直接放在水中。过流式紫外线杀菌装置是在水流过时利用紫外线对水进行消毒、杀菌。

二、养殖池水体净化设施

养殖水体的净化设施是利用池塘的自然条件和辅助设施构建的原位水体净化设施，主要有水层交换设备、生态浮床、生态坡等。

（一）水层交换设备

养殖池塘1米以下的水层中光照较暗，光合作用很弱，溶氧量较低，若处理不及时，会给养殖鱼类造成危害。水层交换则可充分利用白天池塘上层水体光合作用产生的氧气，弥补池塘底层耗氧需求。水层交换机械主要有增氧机、水力搅拌机和射流泵等。

（二）生态浮床

生态浮床净化是利用水生植物或改良的陆生植物，以浮床作为载体，种植在池塘水面，通过植物根系的吸收、吸附作用和物种的相克机理，消减水体中氮磷等有机物质，改善水环境。应用生态浮床时须注意浮床植物和载体的选择、维护等。常用水生植物有苦草、轮叶黑藻、菹草、水毛茛、金鱼藻、蕹菜、菱、莲藕、茭白、慈姑等。挺水性、沉水性及漂浮性植物要合理搭配栽植，才能有效地改善养殖水体的水质。

（三）生态坡

生态坡是利用池塘边坡和池堤修建的水体净化设施。一般是利用沙石、绿化砖、植被网等固着物，铺设在池塘边坡上，并在其上栽种植物，利用水泵和布设水管线，将池塘底部的水提升并均匀地布撒到生态坡上，通过生态坡的渗滤作用和植物吸收截流作用，去除养殖水体中的营养盐等污染物，净化水质。

三、排放水处理设施

养殖过程中产生的大量营养物质，必须进行合理处理后才能排放，避免对环境产生污染。鲟鱼养殖排放水处理一般采用人工湿地、生态沟渠和生态净化塘等生物处理方式。

（一）人工湿地

人工湿地的作用机理包括吸附、滞留、过滤、氧化还原、沉淀、微生物分解、转化、植物遮蔽、残留物积累、蒸发和养分吸收及各类动物的综合作用等，它应用生态系统中物种共生、物质循环再生原理、结构与功能协调原则，促进排放水中污染物质良性循环，实现污水的有效处理。当污水流过人工湿地时，沙石、土壤具有物理过滤功能，可以对水中的悬浮物进行截留过滤；同时沙石、土壤又是细菌的载体，可以对水体中的营养盐进行消化、吸收和分解；湿地植物可吸收水体中的营养盐，也可使水质得到净化。利用人工湿地构筑循环水池塘养殖系统，可实现节水、循环、高效利用水资源的目的。

（二）生态沟渠

生态沟渠由水、土壤和生物组成，是具有自身独特结构并发挥相应生态功能的养殖水体沟渠生态系统。生态沟渠的生物布置方式一般是在渠道底部种植沉水植物和放置贝类等，在渠道周边种植挺水植物、放置生态浮床、种植浮水植物，在水体中放养食性不同的水生动物，在渠壁和浅水区增殖着生藻类。有的生态沟渠在沟渠内布置生物填料，如立体生物填料、人工水草、生物刷等，利用这些独特的生物载体，提高养殖水体的净化效果。

（三）生态净化塘

生态净化塘是一种利用多种生物进行水体净化处理的池塘，通过系统中多条食物链进行物质和能量的逐级迁移传递，将污染物进行降解和转化，实现排放水无害化。塘内一般种植水生植物，吸收净化水体中的氮、磷等营养盐；通过放置滤食性鱼、贝等，吸收养水体中的碎屑、有机物等。生态净化塘的构建要结合养殖场的布局和排放水情况，尽量利用废塘和闲散地建设，塘内的动植物配置比例合理，符合生态结构原理要求。

第五节　水质处理技术

一、养殖废水主要处理方法

处理养殖废水的原则是将废水中的污染物分离或分解，使其转化为无害的物质，净化水体水质。一般来说，养殖废水中的污染物可分为悬浮物质、胶体物质和溶解性物质三种。悬浮物易通过沉淀、过滤等方法被分离；胶体物质和溶解性物质可通过化学反应或者利用具有生物特性的物质，经过吸附、过滤等步骤被分离。根据处理方法的原理不同，分为物理法、化学法和生物法（表2-2）。

表2-2　养殖废水常用处理方法分类与优缺点比较

方法类型	处理方法	处理目的	优点和缺点
物理法	筛滤法	用栅栏、筛网去除野杂鱼类、敌害生物、大粒径悬浮物、漂浮物	优点：工艺简单，费用低廉 缺点：一般属水质预处理和初级处理
	沉淀法、过滤法	去除小粒径块状物、粒状悬浮物及胶体物质	
化学法	消毒法	调整pH，属预处理	优点：占地面积小，处理时间较短。处理后的水质好 缺点：费用较大
	絮凝法	去除悬浮物、胶体物质及色度	
	氧化-还原法	去除溶解性物质，杀藻、杀菌、脱色	
生物法	生物膜法	去除溶解性污染物，BOD_5去除率达85%～95%	优点：利用微生物使溶解有机物转化为无害的物质，并可大大降低其浓度。且耐冲击，负荷有机物的能力较强 缺点：占地面积较大，微生物、藻类、水生微管束植物均需培养，处理时间长，并需处理老化物质
	微生态制剂法	可处理高度污染的废水和带有某些重金属毒物的废水	
	生态修复法（稳定塘、人工湿地）	脱氮、脱磷、脱碳	

（一）物理法

物理法主要是利用物理作用原理，将养殖废水中含有的粪便、残饵等悬浮物和浮游生物除去。物理法有筛滤法、沉淀法、过滤法、臭氧处理法等。

1. 筛滤法

采用尼龙质地的筛绢，过滤可去除残饵、粪便等悬浮物。为了方便清除，可将筛绢做成漏斗形。

2. 沉淀法

借助水中悬浮物自身重力，使其与水分离。该方法用来沉淀颗粒比较大、沉降速度较快的固体污染物。

3. 过滤法

过滤法是使水通过具有孔隙的过滤层，使悬浮物被截留，可清除水体中的胶体絮状物、固体废物和大型藻类等。常用的过滤方式有机械过滤、压力过滤等。

（二）化学法

化学法是利用化学反应去除养殖废水中污染物，包括消毒法、絮凝法、氧化-还原法等。

1. 消毒法

消毒法是通过泼洒消毒剂杀灭对养殖动物有害微生物的方法。常见消毒法有：

（1）氯化物消毒 氯化物消毒剂有漂白粉、漂白精、二氯异氰尿酸钠、二氯异氰尿酸、三氯异氰尿酸、二氧化氯等，其作用原理是氯化物消毒剂经水解后，产生次氯酸，次氯酸释放原子态氧，其氧化能力比氯要高十倍；且次氯酸与废水中的氨作用形成的氯胺也具有消毒的作用。各种消毒剂的用法、用量和效果见表2-3。

（2）二氧化氯消毒 二氧化氯是广谱杀菌消毒剂和水质净化剂。它的作用机理是释放新生态氧和次氯酸根离子，氧化性强，杀菌力高，副作用小。二氧化氯与普通氯化物有所不同，其只有氧化作用，不与氨作用，pH 6～10杀菌效果好，消毒能力高于氯化物。

（3）臭氧消毒法 臭氧消毒法的原理是臭氧在水中分解的中间物羟基自由基具有强氧化性，能够破坏和分解细菌细胞的细胞膜，快速渗透细胞内，从而杀死病原菌。应用臭氧消毒法可迅速杀灭水中病原微生物，又可以降低氨氮，增加溶氧。但不同水质有机物含量不同，消毒标准亦不同，应根据实际情况确定臭氧的最佳用量。

表 2-3　各类氯化物有效率含量及特点

种类	有效率含量（%）	特点	用法用量（毫克/升）
漂白粉	25～35	稳定性较差，易潮解	消毒：1～3 净化：10～20
漂粉精（次氯酸钙）	60～65	稳定性好，易溶于水，遇光易分解	漂白粉的 1/2
二氯异氰尿酸钠（优氯净）	60～64	稳定性好，易溶于水	漂白粉的 1/2
二氯异氰尿酸（防消散）	<65	性能稳定，微溶于水	漂白粉的 1/2
三氯异氰尿酸（强氯精）	<85	性能稳定，微溶于水	漂白粉的 1/3

2. 絮凝法

水中的胶体颗粒（0.001～0.100 微米）不能依靠自然沉淀去除，这种情况下可加入絮凝剂，使胶体颗粒失去稳定性或者发生电性中和，不稳定的胶体颗粒再次互相碰撞而形成较大粒子，经过自然沉淀从而从水体中脱离。絮凝剂主要种类为铝盐（明矾、硫酸铝等）、铁盐（三氯化铁、硫酸亚铁等）和聚丙烯酰胺。絮凝剂的主要种类及其优缺点见表 2-4。

3. 氧化-还原法

水体中的无机物和有机溶解物可通过氧化-还原反应转化为无害物质或者转化为易于从水中分离的气体或固体。常用的方法为空气氧化法，此法对于因缺氧而产生的还原态有毒物质去除非常有效。

表 2-4 各类絮凝剂种类及优缺点

种类	优点和缺点
明矾 硫酸铝	优点：絮凝速度快，腐蚀性小，应用方便 缺点：使用时往往需要加碱性助凝剂，并且对作用温度有要求，温度应在 20～40 ℃
碱式氯化铝	优点：用量少，反应快；一般不需加碱性助凝剂，水温较低时也能很好作用 缺点：单独使用投放量大，需配合其他药剂使用
三氯化铁	优点：纯度较高，产生絮凝体大，沉降快速，脱色效果好，不受水温影响 缺点：溶解时会产生一定量的氯化氢
聚丙烯酰胺	优点：对于浊度较高水体效果尤为明显 缺点：价格较贵；其中未聚合的单体有毒

（三）生物法

生物法是利用生物间及生物与水环境间的复杂关系对水体进行调控，改善水体环境质量的技术。

1. 生物膜法

生物膜法是利用附着生长于某些固体物表面的微生物对水进行处理的方法。生物膜是由高度密集的好氧菌、厌氧菌、兼性菌、真菌、原生动物以及藻类等组成的生态系统。生物膜法的原理是生物膜首先吸附附着水层有机物，由好气层的好气菌将其分解，再进入厌气层进行厌气分解，流动水层则将老化的生物膜冲掉以生长新的生物膜，如此往复以达到净化污水的目的。生物膜法主要有以下几种类型。

（1）生物滤池 生物滤池是将碎石块、塑料填料等生物载体堆放或叠放成滤床，养殖废水沿载体表面从上向下流过滤床，与生长在载体表面上的大量微生物和附着水密切接触进行物质交换，出水带有剥落的生物膜碎屑，需用沉淀池分离。生物膜所需要的溶解氧直接或通过水流从空气中取得。生物滤池的优点是填料上布满的微生物，生物量巨大，具有很强的降解有机物的能力；水流畅通时，水中溶氧量较高，适于好氧微生物的生长繁殖；除磷脱氮的效果比较好。缺点是老化的生物膜脱落后容易将滤缝堵塞，因此在使用过程中，需要经常反冲，及时清理排污。

（2）**生物转盘** 生物转盘是由数十片、近百片塑料或玻璃钢圆盘用轴贯串，平放在一个断面呈半圆形的条形槽的槽面上，其上挂有生物膜。盘轴高出水面，盘面约40%浸在水中，60%暴露在空气中。盘轴转动时，盘面交替与废水和空气接触，从而净化废水。膜和盘面之间因转动而产生切应力，其随着膜厚度的增加而增大，到一定程度，膜从盘面脱落，随水流走。生物转盘的优点是：生物转盘法中废水和生物膜的接触时间比较长；有一定的可控性；转盘本身可向水中增氧；占地面积较小。缺点是：需另加动力以驱动转盘，因此成本较高；对技术的要求较高。

2. 微生物制剂法

微生物制剂是根据微生物生长繁殖的原理，对水产动物及其生活环境中的有益菌种或菌株经过鉴别、选种、培养及干燥等手段加工制成，重新将其介入动物体内或环境中，形成优势菌群以发挥作用的活菌制剂。微生物制剂具有成本低、无毒副作用并且不污染环境的优点，符合健康养殖的要求。但使用时需要注意严禁与抗生素或消毒剂同时使用；施用后为保持水体中的浓度，3天内不应换水或减少换水量；为尽早形成生物膜，应提早使用。

目前微生物制剂在水产养殖中的应用主要包括两方面：一方面是作为饲料添加剂，用以改善水产动物的肠道微生物菌群，提高消化率，增强免疫力；另一方面是作为水质净化剂，对养殖水体进行水质调控。常用的微生物制剂包括光合细菌、芽孢杆菌、硝化细菌等。

（1）**光合细菌** 光合细菌是一类以光作为能源，能在厌氧光照或好氧黑暗条件下利用自然界中的有机物、硫化物、氨等作为供氢体兼碳源进行光合作用的微生物。光合细菌在分类学上包括 4 个科：红螺菌科、着色菌科、绿色菌科和曲绿菌科。常用的为红螺菌科。光合细菌在水产养殖上的应用主要包括以下几部分。

① 作为水质净化剂：光合细菌施入水体后，可降解水体中的残饵、粪便及其他有机物；同时还能吸收利用水体中的氨、亚硝酸盐、硫化氢等有害物质。施用光合细菌，能有效避免固体有机物和有害物质的积累，起到净化水质的作用。作为水质改良剂使用时，应选择晴天上午或下午，将光合细菌用池水稀释后，全池均匀泼洒。每 667 米^2 施用量为 1.5～3 千克。施用光合细菌的次数根据水质情况确定，水质好可每隔 15 天施一次；水质较肥，水质较差，特别是饲养后期的高产池，应每隔 7～10 天施一次。

② 作为饲料添加剂：光合细菌是一种营养丰富、营养价值高的细菌，菌体含有丰富的氨基酸、叶酸、B 族维生素，尤其是维生素 B_{12} 和生物素含量较高，还有生理活性物质辅酶 Q。光合细菌作为饲料添加剂添加在饲料中，可以促进鱼类对饲料的消化吸收，提高饲料利用率，降低饵料系数，同时还可显著提高鱼的生长速度。其还特别适合作为刚孵出仔鱼的开口饵料，可大幅度提高鱼苗成活率。作为饲料添加剂使用时，将光合细菌菌液喷洒于饲料中拌匀即可，菌液用量为饲料投喂量的 1%，现配现用。

③ 减少鱼类病害：光合细菌施入水体后，迅速繁殖成为水体中的优势细菌种群，既改善了水质，又抑制了有害病菌的生长和繁殖，降低了有害病菌数量，从而减少了鱼类病害的发生，防病效果非常有效。

（2）芽孢杆菌 芽孢杆菌净化养殖废水的原理是其可以直接利用水体中的硝酸盐和亚硝酸盐，同时具有硝化和反硝化作用，从而达到改善水质的目的。芽孢杆菌繁殖速度快，对环境适应力强，易在水体中形成优势菌种，抑制水体中病原菌的增殖。目前主要应用为抗病防病的活菌制剂主要包括地衣芽孢杆菌、枯草芽孢杆菌、乳酸杆菌和双歧杆菌等。此外，芽孢杆菌可以分泌胞外蛋白酶，当把芽孢杆菌应用到养殖废水中时，可以加速对残饵粪便和水中悬浮物

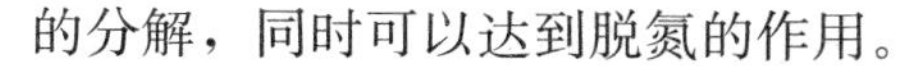

的分解，同时可以达到脱氮的作用。

（3）**硝化细菌**　硝化细菌是一种好氧性细菌，包括硝化菌和亚硝化菌。亚硝化细菌首先将水体中的氨氮转化为亚硝酸氮，硝化细菌再将亚硝酸氮氧化为对水生动物无害的硝酸氮，氨氮和硝酸氮能够被浮游植物利用。同时上述过程也能逆向进行成为反硝化作用，把一部分硝酸盐还原成氨。

3. 生态修复法

生态修复是利用生态系统中物理、化学和生物三重协同作用，通过沉淀、过滤、微生物作用和植物吸收等方式处理养殖废水。生态修复技术具有净化彻底、不产生二次污染、不破坏生态平衡等优点。生态修复主要包括以下几种。

（1）**稳定塘**　稳定塘的净化过程与自然水体的自净过程相似，通常是将土地进行适当的人工修整，建成池塘，并设置围堤和防渗层，依靠塘内生长的生物来处理污水。稳定塘主要利用菌藻的共同作用处理废水中的有机污染物，同时可在塘内种植高等水生植物，提高处理效率。稳定塘污水处理系统具有基建投资和运转费用低、维护和维修简单、便于操作、能有效去除废水中的有机物和病原等优点。其缺点是占地面积较大，气候对处理效果影响较大；若设计或运行管理不当，则会造成二次污染；易产生臭味和滋生蚊蝇；污泥不易排出和处理利用等。

（2）**人工湿地**　人工湿地是由人工建造和控制运行的与沼泽地类似的环境，将废水有控制地排到经人工建造的湿地上，废水在沿一定方向流动的过程中，利用土壤、人工介质、植物、微生物的物理、化学、生物三重协同作用，对废水进行处理的一种技术。根据处理水体的污染物、气候等不同条件，需选择不同的基质、植物、微生物等。如当水体中的特征污染物主要为悬浮物和有机污染物时，可选用细沙、粗沙、砾石、煤灰渣等的一种或几种；当磷为水体中的特征污染物时，最好选择飞灰或含铁离子、钙离子和铝离子较多的矿石。一般适合人工湿地种植的水生植物包括芦苇、菖蒲、水葱、香蒲、黄花鸢尾、千屈菜、水芹菜等。人工湿地的填料和植物根系等处附着大量微生物，可从这些地方取样、驯化培育适宜吸收废水中污染物的菌种，以进一步使用。人工湿地的优点是建造和运行费用低，易于维护，技术含量低。缺点是占地面积大，易受病虫害影响等。

二、鲟鱼循环水生态养殖水质净化系统构建

养殖用水和池塘水质的好坏直接关系到养殖品种的品质，养殖排水必须经过净化处理达标后，才可以排放到外界。鲟鱼养殖场的水处理，包括水源水处理、池塘污染物过程消减和尾水深度处理等方面。

（一）源头水质净化系统构建

水源水水质对于鲟鱼养殖十分重要，因此源头水质净化十分必要。源头净化可采用生物高效絮凝技术、复合纳米功能陶粒与生物菌种配合处理技术、生态浮床技术等，为养殖提供清洁水源。

1. 生物高效絮凝技术

在进水端的沉淀池入口处，增加一套高效絮凝沉淀装置，用于对来水进行沉淀处理。该装置在来水水质较差时十分必要。采用的生物絮凝剂可以是具有生物分解性和安全性的高效、无毒、无二次污染的食品级生物絮凝剂，其具有絮凝效率高、沉淀速度快、安全性好的特点，不仅能有效去除水中悬浮颗粒物、总氮、总磷，而且对有机污染物的去除效果尤为明显，可以克服无机高分子絮凝剂及合成有机高分子絮凝剂本身固有的缺陷，保证处理后水不受到新的污染。该系统由计量泵自动完成，将絮凝剂从入水口处均匀注入池水中，利用入口处水流急的特点将絮凝剂分散。可以用功率小、耗能小的计量泵，使其运行成本低于常规技术的运行成本。絮凝剂定量给料装置见图2－1。

2. 生态浮床净化技术

生态浮床的净化作用原理：①植物根系在水中形成表面积很大的网，吸附水体中大量的悬浮物，并逐渐在植物根系表面形成生物

图 2-1　絮凝剂定量给料装置

膜，膜中微生物吞噬和代谢水中的污染物成为无机物，使其成为植物的营养物质，并为植物所吸收，最后通过收割浮床植物减少水中营养盐；②通过浮床遮挡阳光抑制藻类的光合作用，减少浮游植物生长量，通过接触沉淀作用促使浮游植物沉降，提高水体的透明度。

在来水处沉淀池设置生态浮床，并选择多年生水生植物，既使景观效果好，又对池塘中的氮、磷有去除作用。生态浮床见彩图 1。

3. 复合纳米功能陶粒与生物菌种配合处理技术

来水经絮凝沉淀和生态浮床净化处理后，进一步采用载有生物菌的复合纳米功能陶粒进行净化处理。可利用从现场旁路河道采集到的菌种，经分离、纯化、驯化、扩增后，制成高浓度菌剂，然后将其植入复合纳米陶粒的微孔中，组成快速渗滤箱，将渗滤箱安装在沉淀池出口处，完成对水质的净化。在常规应用中，纳米陶粒是装在若干个封闭罐体内，由水泵提高动力，调节阀控制压力与流量。压力一般控制在 0.2～0.3 兆帕，流速控制在每分钟 30 米左右，处理水全部通过陶粒材料，处理效果良好。但如果处理水量需要很大时，可以利用水流自身动力的方式，将陶粒材料装在专门为其设计制造的不锈钢网箱中，将若干个网箱安放在沉淀池出口至鱼池入口的沟槽内，水流以渗滤方式通过网箱中的纳米陶粒，起到净化作用（彩图 2、彩图 3）。

（二）污染物过程消减系统构建

过程消减包括两大部分：①通过健康养殖增加内源性营养源的利用率，减少氮磷等的流失；②通过河道型表流湿地技术对污染物进行消减，从而最大限度地减少和控制养殖过程的水质污染。

应先确定施工区域上游来水的排放特征。然后，根据国内外相关领域研究成果及现场的自然条件因素，完成水生植物的选比，确定所选植物类型和密度。要对现有场地进行石子填平、土壤覆盖等平整工作，根据各地天气情况及植物适应性挑选植物，进行植物种植及后期植物维护工作。北京地区可选择菖蒲、香蒲、鸢尾、芦苇等。水生植物品种见彩图 4 至彩图 8，表面径流人工湿地见彩图 9。

（三）尾水深度处理系统构建

尾水深度处理是通过构建以生态浮床、碳素纤维生态草和太阳能动水机复合而成的生态多功能净化塘，实现其生态系统的物质转移、转化和能量的逐级传递，将进入塘中的有机污染物进行降解和转化。经生态多功能净化塘深度处理后的水能直接供下游养殖使用，实现流水资源的高效利用。

1. 生态浮床净化技术

生态浮床以高分子材料等为基质，种植多年生水生植物，其显著优势为系统无需维护，植物翌年可自发生长，且长势明显优于种植上一年，对池塘中氮、磷的去除效果也进一步提高。应选用承载能力强、耐腐蚀性好的高强度聚苯乙烯浮床。

2. 碳素纤维生态草

为了避免水生植物出现因水中富营养成分过高，造成植物饱和等现象，可将生态浮床与高负荷能力的碳素纤维草等高分子材料配合使用。即在浮床下面悬挂一定量的碳素纤维草，用以吸收过量的富营养物及避免藻类造成水生植物饱和。碳素纤维生态草具有极大的表面积和高度的生物亲和性，在水体中其表面能快速形成活性生物膜，利用生物膜中微生物的新陈代谢分解水中的污染物，从而起到净水效果。该系统净水效率高，克服了水生植物种植水位限制和气候影响大的缺点，处理成本低，基本无需后期养护（彩图 10、彩图 11）。

3. 太阳能动水机

太阳能动水机是以太阳能作为动力的浮体式水质净化装置，能够大面积、持续性地让水体产生上下层对流，让水体快速循环，起到增加溶氧量、净化水质、激活生态系统功能的作用，解决静止水体易恶化的问题。太阳能动水机系统运转无电耗，经济安全，设备设计轻便、美观，施工便捷，如图2-2、图2-3所示。

图 2-2　太阳能动水机

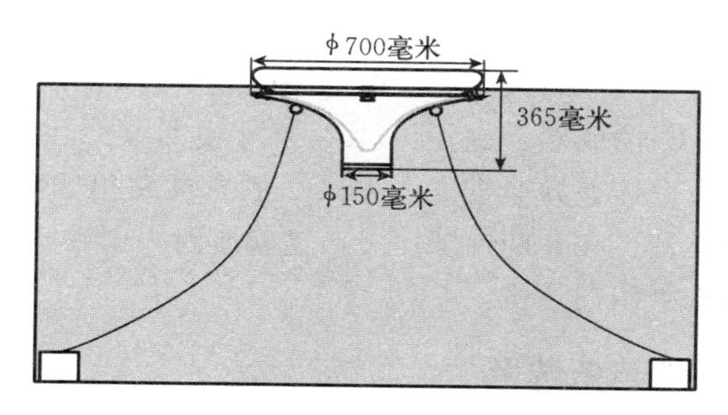

图 2-3　太阳能动水机安装方法示意

第三章　鲟鱼人工繁殖技术

第一节　人工养殖鲟鱼亲鱼培育技术

由于鲟鱼的养殖条件与其天然环境相差较大，许多养殖鱼类性腺不能正常发育。有资料显示，人工养殖条件下若环境因子不适宜可导致白鲟卵细胞Ⅱ～Ⅲ期发育非常困难，甚至停滞。人工养殖条件下水温、水流、水深等环境因子可能导致一些养殖鲟鱼不能刺激下丘脑释放足量的促性腺激素释放激素等内分泌激素正常分泌，从而导致养殖鲟鱼的性腺发育差异较大。动物从野生到养殖过程必然会有适应性差异，养殖鲟鱼在性腺发育方面的适应性差异可作为选留人工养殖鲟鱼亲鱼的重要条件。

目前我国人工养殖的鲟鱼主要有西伯利亚鲟、施氏鲟、俄罗斯鲟、达氏鳇、小体鲟以及杂交鲟等；亲鱼培育的方式包括池塘养殖、水泥池微流水养殖以及网箱养殖等几种方式，亲鱼养殖管理方式与商品鱼养殖相同。几种主要养殖鲟鱼在人工培育条件下都能够性腺发育成熟，且人工培育的亲鱼性成熟年龄比野生环境下减少一半以上。如西伯利亚鲟人工养殖最早性成熟年龄雄性为4龄，雌性6龄以上就能够性成熟。由于人工养殖环境与其野生环境相差较大，性腺发育个体差异非常大，尤其是洄游性鲟鱼如俄罗斯鲟等，有些雌性个体甚至在Ⅱ期性腺停滞，这就需要根据性腺发育状况来提前挑选留作繁殖的亲鱼。

一、后备亲鱼选留

鲟鱼全人工繁殖技术的成功部分地解决了对野生亲鱼的依赖，但由于鲟鱼性成熟晚，亲鱼培育成本高，人工养殖亲鱼数量相对不足，许多单位将自养的鲟鱼留做后备亲鱼繁殖苗种，而忽略了亲鱼选育应该注意的遗传背景问题。加上鲟鱼个体大，采用同一尾亲鱼可繁殖大量的后代，使得养殖群体近交风险大大增加。因此一定要控制同一批次繁殖后代存留数量。通常后备亲鱼在1～2龄的选育主要指标是生长速度，选留比例每年不超过50%；3～4龄开始进行性别鉴定，选留比例一般为雌∶雄＝2∶1，雌鱼性腺发育尽量在Ⅲ期以上。

二、鲟鱼亲鱼谱系管理方法

目前鲟鱼繁育中苗种质量问题受到普遍重视，但与苗种质量密切相关的后备亲鱼遗传背景的相关研究却很少，仅有少量从系统发育和保护遗传学角度对养殖鲟鱼的遗传分化做了报道。由此可见，人工养殖的鲟鱼有必要进行亲鱼的谱系管理。

首先从养殖鲟鱼亲鱼及后备亲鱼的选留数量来管理亲鱼谱系，不同批次选留亲鱼尽量分池养殖。如果做不到分池饲养，可以通过电子芯片、荧光标记等物理手段区分选留的不同批次亲鱼，避免近亲繁殖。在进行人工繁殖时注意从不同的后备亲鱼群体中分别获取雌、雄鱼进行繁殖，这样保证用于繁殖的父母本具有一定的遗传变异，尽量降低近亲繁殖的概率。如果能够了解选留亲鱼分子水平的遗传背景，就可以在可控范围内最大限度地避免近亲繁殖造成的遗传多样性下降，从而保障鲟鱼养殖产业的良性发展。

三、亲鱼培育营养

亲鱼培育中的营养强化非常重要，影响到卵巢成熟、产卵量和卵子质量。通常在蛋白质、脂类、维生素及矿物质等几个方面考虑亲鱼的营养强化。对其他养殖鱼类的研究表明，高不饱和脂肪酸能有效增加养殖鱼类的繁殖能力。北京有部分具有鲟鱼繁殖能力的企业已经对繁殖亲鱼使用额外添加一定量高不饱和脂肪酸的亲鱼饲料，但目前还没有饲料企业出售鲟鱼亲鱼培育专有饲料。近期已经有关于在鲟鱼亲鱼饲料中添加高不饱和脂肪酸对鲟鱼繁殖及性腺发育方面的研究。

四、水温对亲鱼培育的影响

水温的季节变化对于鲟鱼繁殖有显著的作用。温度升高影响鲟鱼卵子发育，导致卵泡闭锁，雌二醇下降，还使卵泡的颗粒细胞肥大。在人工养殖环境下成功进行鲟鱼繁殖，需要在最后成熟阶段提供冷水源（9～12 ℃）。这种春化作用（暴露在冷水中）一般从 11 月开始，持续整个繁殖季节。由此可见，北方地区的自然水温条件更适宜鲟鱼人工繁殖。

生长在黑龙江流域的施氏鲟人工养殖范围遍及大江南北，我国还实施了施氏鲟在长江流域养殖的南移计划，养殖在南方水温较高环境下的施氏鲟具有生长优势，但是其性腺发育尤其最后成熟阶段如何，能否进行人工繁殖等是引人关注的问题。笔者胡红霞等模拟南北方在不同越冬温度下，对施氏鲟的性腺发育和性激素的变化进行了研究，结果表明：高温越冬能够促进卵黄生成作用，性腺发育成熟的雌鱼比正常越冬的雌鱼卵细胞极化快，但也更容易发生卵泡闭锁现象。高温越冬能够促进雄鱼精子的发育，提前成熟，但如果不及时催产，性腺会很快进入退化状态。因此，其性腺发育尤其是诱导配子最后成熟，还需要通过一定调控，才能得到高质量鲟鱼配子及高效率的人工繁殖。

第二节　北方地区人工养殖鲟鱼的性腺发育

养殖鲟鱼的性腺发育状况一直是引起研究者注意的一个方面，但鲟鱼性成熟时间晚，繁殖周期长，繁殖间隔时间一般 2～3 年，高昂的养殖费用和鲟鱼漫长的性腺发育周期也限制了这方面的研究。不同种鲟形目鱼类之间性成熟时间和性腺发育周期等方面存在差异，天然和养殖环境下都发现有雌鱼性腺发育的不同步现象。因此，了解养殖鲟鱼的性腺发育状况是进行全人工繁殖的基础。对养殖鲟鱼性腺发育状况以及人工繁殖的研究可以逐渐摆脱鲟鱼苗依靠进口的局面，有利于我国鲟鱼养殖的可持续发展，也减轻了对野生鲟鱼资源的压力。

对白鲟的性腺发育研究发现配子形成受季节影响。水温的季节变化对于鲟鱼繁殖有显著的作用。温度升高从形态和生理方面影响鲟鱼卵子发育。形态方面表现为颗粒细胞肥大。

鲟鱼在控制性腺发育和排卵过程中与许多高等硬骨鱼类一样，存在促性腺激素（GtH）的双重神经内分泌调控，即 GtH 的分泌释放不仅受到下丘脑分泌的促性腺激素释放激素（GnRH）的促进释放作用，同时还受到下丘脑释放的神经递质多巴胺的抑制性调节。

性腺的发育主要是卵细胞（精细胞）的发育，卵巢（精巢）的主要变化表现为体积的增加。成熟卵包括卵膜、卵黄、卵球、原生质、细胞核（生殖核），鱼类均为端黄卵，故有极性。端黄卵亦分为两类：①质黄卵，其卵黄与原生质不分开，动物极卵黄比植物极卵黄小。②典型的端黄卵，其卵黄与原生质分开，原生质在动物极，并形成薄层围绕卵黄。鲟形目鱼类是质黄卵。鲟鱼的精子头部稍长，呈栓塞形，其他真骨鱼类精子头部则为圆形。

养殖白鲟（*Acipenser transmontanus*）性成熟年龄雄鱼 4 龄，雌鱼 8 龄；然而，雌性亲鱼中卵黄生成和性成熟的发生高度不同步。雄性繁殖周期为 1 年，雌性为 2 年；配子形成受季节影响。无论养殖还是野生鲟鱼都具有性成熟年龄的不稳定和雌雄鱼性腺发育周期不同的特点。人工养殖的白鲟子二代 18 月龄完成性别分化，体长 58～72 厘米，体重 1.1～2.3 千克。

一、鲟类精巢发育特点

有资料显示，白鲟精巢发生部位在性腺背部的比较硬的窄带结构，纤维膜结构内包含精原细胞。3 龄雄鱼完成生精管（精小囊）的完全分化和精原细胞的增殖发育，开始减数分裂和精子形成。精原细胞的增殖伴随着精巢的增大和脂肪组织的吸收。10—11 月开始减数分裂并持续 3～4 个月。4 龄雄鱼完成第一次精子生成周期达到性成熟，体重为 10～15 千克。增大的白色精巢的精小囊的囊胞中包含着完全分化的精子。雄性亲鱼的成熟周期也不同步，但大部分在2—6月。夏季，没排出的精子和仍然在减数分裂的细胞被重吸收，只有初级精母细胞留在囊壁内。

二、鲟类卵巢发育特点

有学者对西伯利亚鲟卵细胞发育进行了显微和超显微研究，并对卵细胞发育划分了6个时期。

1. 卵原细胞期

卵原细胞骤集成簇，核质比大于1，胞质中有许多油球和由线粒体分别包围着的电子致密物，即生殖质。

2. 滤泡Ⅰ期

初见于1龄鱼，卵原细胞发育成卵母细胞，各个卵母细胞被滤泡上皮包围组成滤泡，卵母细胞直径达20～80微米。切片显示核仁沿核膜分布，细胞核附近可见由油粒组成的冠状物。

3. 滤泡Ⅱ期

初见于3龄鱼，卵母细胞直径80～120微米。此时细胞中油滴增多，生殖质仍明显可见。

4. 滤泡Ⅲ期

初见于3～5龄鱼，辐射带和皮质泡形成。此时卵母细胞直径120～600微米，微绒毛增多，滤泡上皮与卵细胞分离。

5. 滤泡Ⅳ期

初见于5龄鱼，卵黄迅速增加。此时卵直径达到900～2 800微米，出现了由液泡包围的染色颗粒，辐射带分为3层。

6. 滤泡Ⅴ期

处于即将成熟排卵时期，雌鱼进入6龄（平均体重5.5千克），卵核向动物极移动，这一过程持续6个月之久。辐射带之外出现一层胶质层。

三、北京地区养殖俄罗斯鲟的性腺发育

参照以上对鲟鱼分期的描述，结合我国传统性腺及性细胞发育

分期，笔者胡红霞等按照性腺分化后的卵巢发育6个时期来划分人工养殖的俄罗斯性腺，性腺没有分化的为0期。由于鲟鱼在激素诱导后卵巢才达到Ⅴ期，为了减少产卵亲鱼的应激反应，没有收集第Ⅴ期卵巢和排卵后的第Ⅳ期卵巢样本，手术取卵后可见到Ⅳ期卵巢中有许多小生长期的卵母细胞。

（一）养殖俄罗斯鲟的卵巢及卵细胞发育

随机选取500尾俄罗斯鲟雌鱼，对卵巢发育状况进行统计分析，发现差异较大，卵巢发育主要跨越了4个时期：有2%雌性肉眼看不到卵粒或是极小的透明卵粒，组织切片可见到细胞核结构清晰的初级卵母细胞，还可见到正在进行有丝分裂的卵原细胞，属于Ⅰ期卵巢，正在向Ⅱ期卵巢过渡。有73%的雌鱼卵巢可见到卵径小于1.0毫米的白色卵粒，其中卵径不大于0.6毫米，切片显示还没有开始卵黄沉积，属于Ⅱ期卵巢。卵径大于0.6毫米，卵粒虽然还没有看到色素沉积，但切片可见卵黄开始沉积，向Ⅲ期卵巢过渡；16%的雌鱼卵母细胞开始着色，呈现深浅不一的灰色，卵径1.2～2.5毫米，卵黄颗粒较大，充满整个细胞质，属于Ⅲ期卵巢。有9%左右卵巢中有灰棕色的卵粒，粒径（2.6±0.2）毫米，属于Ⅳ期。

研究发现人工养殖7龄的俄罗斯鲟雌鱼的性腺发育差异很大，虽然有部分雌鱼（9%）性腺发育接近成熟，还有一些卵细胞开始色素沉积，进入Ⅲ期，但绝大部分卵细胞停留在Ⅱ期，在卵巢切片中甚至还有卵原细胞的存在，可见其性腺发育的复杂性。在其他种鲟鱼的性腺发育研究中也有类似的情况。

组织切片中可见到卵细胞主要有以下几个发育阶段。

1. 卵原细胞期

在Ⅰ期卵巢中可见到正在分裂的卵原细胞簇，在Ⅱ期卵巢中也有少数的卵原细胞（图3-1，a、b）。

2. 卵母细胞染色体交汇期

肉眼看不见卵粒，切片可见卵母细胞具有较大的细胞核，占整个细胞大小的一半以上，细胞核内只见核质还没有核仁出现。卵母细胞直径 40～100 微米，主要存在于Ⅰ期卵巢（图 3－1，b）。

3. 小生长期卵母细胞

处于细胞质增长阶段。滤泡上皮包围卵母细胞，沿核膜分布有许多核仁，卵径 100～400 微米。小生长期卵母细胞发育到后期即卵黄生成前期出现颗粒细胞和卵膜分化（图 3－1，e），卵径 400～600 微米，开始进行卵黄沉积阶段的Ⅲ期卵巢。Ⅲ期和Ⅳ期卵巢中也有小生长期的卵母细胞，等到成熟卵排出后进行下一步发育（图 3－1，c～e）。

4. 大生长期卵母细胞卵黄开始沉积阶段

卵母细胞完成了细胞质的生长，开始吸收卵黄颗粒。此阶段卵膜变厚，出现较薄的放射膜。靠近卵膜的细胞质中出现一圈嗜碱性较强的卵黄板，卵黄由此处开始向中心逐渐沉积（图 3－1，f），也称为初级卵黄阶段。含有卵黄开始沉积阶段的卵母细胞可认为发育到第Ⅲ期卵巢。卵粒外观仍未沉积色素，卵径 600～1 000 微米。

5. 大生长期卵母细胞卵黄充塞阶段

Ⅲ期卵巢的卵母细胞，卵径 1 000～2 600 微米。卵黄颗粒明显增大，呈强嗜碱性，充塞了几乎全部的细胞质部分，也称次级卵黄阶段。受精孔结构清晰，且有多个（图 3－1，g）；有较厚的放射膜和胶质层两层卵膜包围卵母细胞（图 3－1，h）；细胞核比例缩小，位于细胞中央。

6. 成熟卵细胞

当卵黄充塞整个卵母细胞时，营养生长即告结束，成熟初期，核还没有极化（图 3－1，i）。卵膜达到最厚，由 3 层膜构成，分别是：内层放射膜，外层放射膜和胶质层（图 3－1，j）。细胞结构改变，逐渐成为动物极稍凸出的卵圆形。细胞核向动物极移动，进行核极化；翌年，检查 8 龄俄罗斯鲟性腺有极化好的成熟卵。含有成熟卵细胞的卵巢为第Ⅳ期卵巢；到Ⅳ期末，核极化到极化指数小于 0.1，可以进行人工催产繁殖。

（二）俄罗斯鲟精巢及精细胞发育

池塘养殖7龄的雄性俄罗斯鲟性腺外观呈乳白色，因取样在繁殖季节，有部分成熟好的雄性鲟鱼可以直接挤出精液。选取没有挤出精液的精巢切片，可见发育到Ⅲ期和Ⅳ期的精巢。

Ⅲ期精巢：切片可看到精小囊内有初级精母细胞（体积大）、次级精母细胞（体积较小）和精子细胞（体积最小）。大部分为初级精母细胞和次级精母细胞，有少量精子细胞（图3-1，k）。Ⅳ期精巢：切片可见大多数是精子细胞，还有为数不多的精母细胞和精子（图3-1，l）。

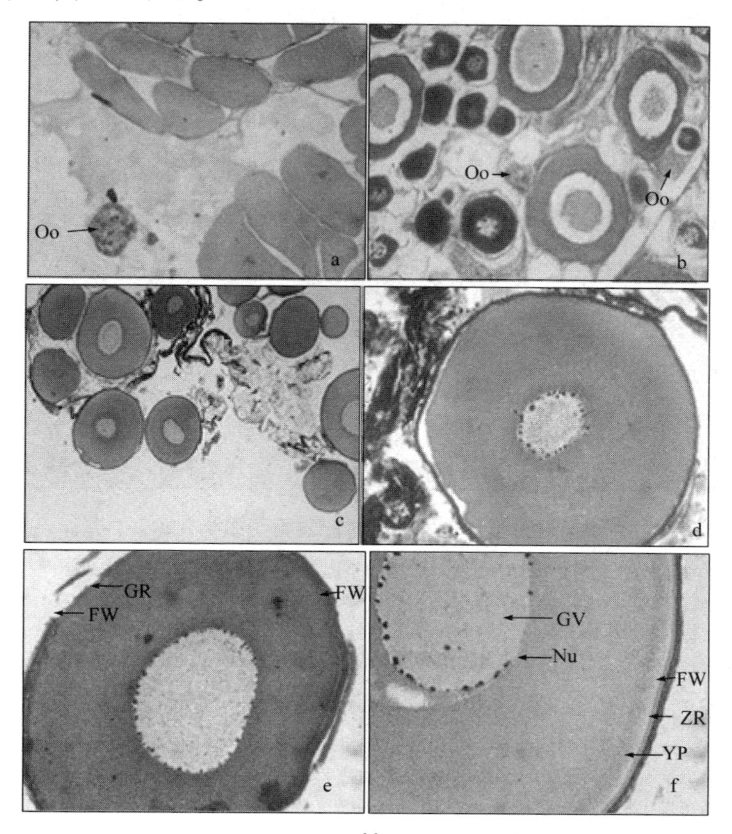

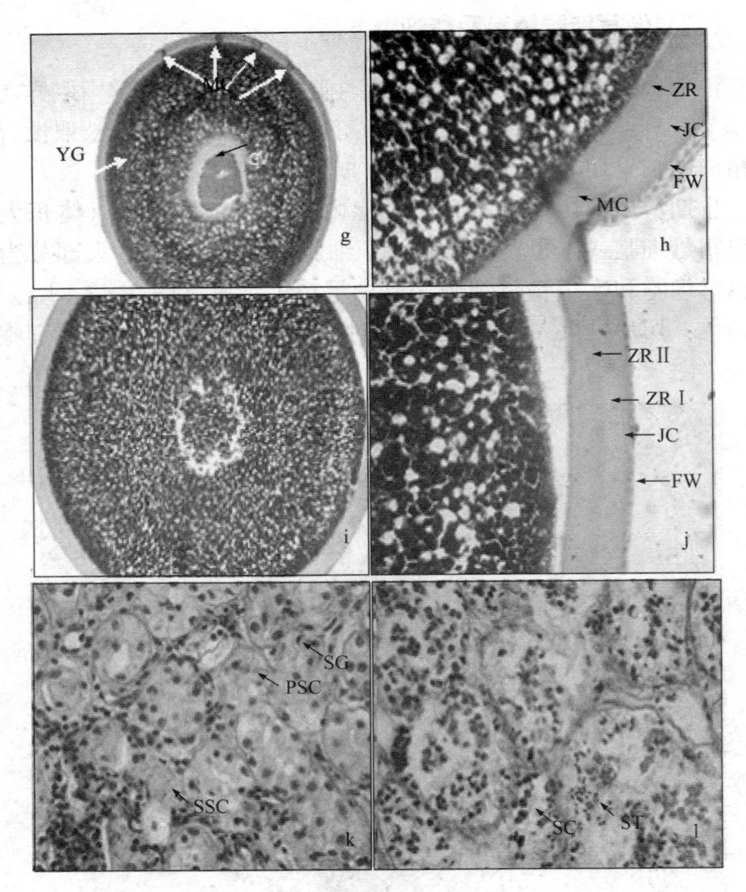

图3－1 俄罗斯鲟性腺发育组织切片

Oo. 卵原细胞 FW. 滤泡膜 GR. 颗粒细胞 Nu. 核仁 YP. 卵黄生成层
ZR. 放射膜 GV. 核泡 JC. 外套膜 MC. 受精孔 SC. 精母细胞
PSC. 初级精母细胞 SSC. 次级精母细胞 ST. 精子细胞 SZ. 精子
YG. 卵黄颗粒 ZRⅠ. 外层放射膜 ZRⅡ. 内层放射膜

a. 卵原细胞（×50） b. Ⅰ期卵巢的卵母细胞（×50） c. Ⅱ期卵巢的卵母细胞（×20） d. 小生长期卵母细胞（×50） e. 卵黄生成前颗粒细胞层分化的卵母细胞（×50） f. 初级卵黄阶段卵母细胞（×50） g. 次级卵黄阶段卵母细胞（×20） h. 次级卵黄阶段卵母细胞（×50） i. Ⅳ期初卵母细胞（×20） j. Ⅳ期卵巢的卵母细胞（×50） k. 精子发生早期（×200） l. 精子发生中期（×200）

第三节　人工繁殖技术

一、亲鱼选择

鲟鱼的繁殖周期往往是2～3年，通常在每年的10月开始挑选翌年能够繁殖的亲鱼，以西伯利亚鲟为例，在10月卵径达到2.8毫米以上的鲟鱼可以留作春季繁殖的亲鱼。

卵外观颜色，形状，卵径，卵母细胞的极化指数（polarization index，PI）都是选择卵母细胞成熟的重要指标。在人工催产前，用活体取卵的方式从鲟鱼卵巢中取几粒完整的卵，测量卵径后用开水浸泡5分钟，用锋利的刀片沿着动物极和植物极中心轴切开，在体视镜下用目微尺测量核的极化程度，计算卵核（GV）距离动物极卵膜内侧和卵长径（动物极到植物极的卵径）的比值，即极化指数，极化指数越小，卵子成熟越好。选择卵母细胞极化指数小于0.1的亲鱼进行人工催产。

二、人工催产

鲟鱼类中除中华鲟、达氏鲟和长江白鲟外，大多为亚冷水性鱼类，存活水温为1～30 ℃。成体鲟生活在淡水或海水中，但均上溯到河流上游产卵。鲟鱼苗在淡水中生长，一直到1～2龄才降河入海（定栖种除外）。鲟鱼个体大，寿命长，性成熟晚，性成熟的雌体间隔2～6年才产卵一次，一般春季产卵（3—6月），产卵水温在10～17 ℃，也有秋季（9月下旬至11月上旬）繁殖的（如中华鲟），产卵水温在20～29 ℃。产卵通常在砾石底质、河床地形复杂、有回流水且水较深的河段，黏性的受精卵紧紧黏附在水流湍急的河底砾石上，也可以减少敌害生物的吞食。如果产卵场条件不适宜，就会导致成熟卵不能排出而被重吸收。捕捞性成熟的野生鲟鱼或人工养殖的鲟鱼均不能自然繁殖，需要注射外源激素进行人工催产。推测是由于人工环境与其野生环境差异太大，没有水流、温度及适宜产卵场刺激亲鱼产生足够量的促性腺激素，从而不能刺激卵泡主动剥离卵巢腔而实现自然产卵。人工催产主要包括亲鱼选择合适的催产剂。

已经报道的鲟鱼催产药物包括20世纪50年代用于施氏鲟、中华鲟等野生亲鱼催产的鲟鱼脑垂体，若没有足够鲟鱼脑垂体也可用鲤鱼脑垂体替代。后来使用促性腺激素释放激素类似物（LHRH－A），随着林-彼方法的发现及普及，发现该方法在鲟鱼的催产中也有较好的效果：即用LHRH－A与促性腺激素释放抑制激素的拮抗剂（地欧酮等）联合使用。还有注射卵巢最后成熟阶段产生的类固醇激素17α，20β双羟孕酮（17α，20β－DHP）来诱导排卵。分2～3次注射，雌鱼总剂量为3～5毫克/千克；雄鱼剂量减半。

目前使用较为广泛且效果较好的主要是LHRH－A及LHRH－A和地欧酮联合使用这两种催产剂进行鲟鱼的催产。雄鱼一次注射，雌鱼分两次注射，间隔8～12小时。通常在雌鱼第二次注射时，同时给雄鱼注射。采用背部肌内注射和胸鳍基部围心腔注射均可。每千克体重注射剂量为：雌鱼30～50微克，雄鱼15～30微克。注射后将雌雄分开，防止将卵产于池中。

由于雌性鲟鱼性腺成熟的复杂性及不同个体之间对激素存在的敏感性差异，使用两种催产剂对雌鱼的效果没有显著差异。

三、人工授精

（一）采集精液

提前准备好干燥烧杯等器皿，轻压雄鱼腹部有白色精液流出，就可以进行精液采集。将雄性亲鱼抬出水面，用干毛巾擦拭泄殖孔及周围腹部，将套有软管的注射器软管头部插入雄鱼生殖孔，缓慢用注射器吸取精液。一定要避免收集精液过程中混入水分。收集到的精液保存于0～10℃冷藏待用。鲟鱼精液采集操作见彩图12。

（二）收集成熟卵

1. 挤压腹部采卵法

检查到卵粒游离后可以进行腹部挤压法取卵。将待产亲鱼抬出水面，用干毛巾擦拭泄殖孔及周围腹部，避免采卵过程混入水分。由下腹部到上腹部反复挤压，使游离于卵巢腔的卵子不断挤入位于腹腔壁的喇叭口，然后从生殖孔被排出。鲟鱼卵采集操作见彩图 13。

2. 活体手术取卵法

受鲟鱼性腺喇叭口结构的限制，人工挤压法很难将游离的成熟卵全部挤出来，并且挤卵时间持续较长，通常一尾雌鱼要经过 4～6 次以上挤卵才能将大部分成熟卵挤出，每次间隔 1～2 小时。而后期挤出的卵往往质量下降，影响受精率。因此，用剖腹手术方法一次性将卵全部取出，省时省力，是鲟鱼规模化人工繁殖中非常实用的技术。

手术前，先用 MS 222 或者丁香酚等麻醉剂将待产亲鱼麻醉，然后放于手术台上，用手术刀在腹部靠近生殖孔侧面切一个 3～5 厘米的小口，通过挤压腹部，使鱼卵流出。最后用聚丙烯丝线缝合，用红霉素眼膏等外用消炎药物对缝合部位消毒处理，并注射青霉素防止亲鱼伤口感染。手术一次性将游离卵细胞取出后进行人工授精。腹部切口手术取卵后 10 天检查伤口已经合拢；30 天再次检查隐约可见针眼，伤口红肿完全消退；3 个月检查伤口已经完全愈合。手术取卵后伤口愈合情况见彩图 14。

（三）人工授精

鲟鱼成熟卵的人工授精主要采用干法和半干法两种方式。

干法授精：先将卵置于盆中，每盆 4 万～7 万粒卵。加入1～2 毫升精液，搅动精卵，使其充分混合。加入与孵化温度相同的清水，继续搅拌约 5 分钟之后，倒掉上面的体腔液和多余的精液，再漂洗 2～3 次，授精工作即已完成。鲟鱼的精子大，而且激活后的寿命较长。

半干法授精：人工授精前滤掉游离卵中的卵巢液，将收集好的精液稀释100倍左右，立即倒入盛卵盆中授精。一般将催产雄鱼精液质量较好的混合使用，以保证较高的受精率。

四、受精卵脱黏

（一）泥浆脱黏法

泥浆是人们最早在鱼类受精卵脱黏上使用的脱黏材料，来源广泛，使用方便。采集干燥的河边淤泥，冲洗并滤去所有的碎石。在沉淀并弃去上清液的过程中，得到粒径为5～20微米的颗粒河泥。然后将河泥晒干或烘干，集存于塑料袋内备用。在0.5升的泥悬浊液和4升水中，加1千克受精卵，搅动40～60分钟，即可脱去卵的黏性。

（二）滑石粉脱黏法

脱黏剂为20%的滑石粉悬浊液。脱黏时，在盒中注入清洁的孵化水，加入提前泡好的滑石粉液，慢慢搅动鱼卵，如果有卵粘连现象，用手将其拨开。每10分钟换1次洗液，弃去旧的溶液，加入清水和滑石粉。重复这项操作至卵完全不粘手为止，并冲洗至水清为止，脱黏时间一般为30～50分钟。

（三）脱黏操作方法的选择

1. 手工脱黏法

即在脱黏过程中用手在脱黏容器中搅动卵，使之与脱黏剂不断充分接触，不发生粘连，直至卵不粘手为止。为不使温度变化过大，应将脱黏容器放在孵化水中。搅动时动作必须轻而缓，以卵能翻动与脱黏剂充分接触为度。

2. 机械脱黏法

在机械脱黏法中，实际效果较好的是充气脱黏。充气脱黏的主要设备有气泵和锥形瓶。气泵的出气口通过管路与锥形瓶的下口相连，脱黏时将受精卵和脱黏剂放入锥形瓶中，充气使瓶中的卵不断翻动。充气量的调整，以卵和脱黏剂不在瓶底停留为度。脱黏达到要求的时间后，拔出充气管，放出鱼卵，冲洗后转入孵化器。这种方法省力，伤卵机会少。

五、胚胎孵化

（一）孵化设施

1. 瓶式孵化器

孵化瓶底部有底网，水从正中出水套管流入孵化瓶，再从瓶底沿套管外经过鱼卵上行，然后从连接于瓶口的鱼卵收集导槽流出。这种孵化器的用水量较大，其最大的优点是在孵化期间不用消毒，坏卵因比重小而随时流出（彩图 15）。

2. 尤先科孵化器

这是目前国内鲟鱼孵化采用最多的一种孵化器。这种孵化器的孵化效果较好，但鱼苗的收集必须人工从盛卵槽内捞出，收苗工作量很大。它是由支架、水槽、盛卵槽、供水喷头、排水管、拨卵器和自动翻斗组成。孵化槽内受精卵翻动次数可以通过淋水喷头水流量大小进行调节，一般使拨卵器每分钟拨动 1 次即可。

3. 鲟鱼Ⅰ号孵化器

这种孵化器是目前俄罗斯最先进也是最普及的孵化器。这种孵化器的用水量每小时不到 2 米^3，而每台孵化能力可达 32 千克受精卵。孵出的鱼苗自动进入收集器内，可有效地节省用水和管理的劳动强度（彩图 16）。

（二）孵化期管理

脱黏后的卵放入孵化器，调节水流，并进行水霉消毒处理，胚胎开始扭动后不再用药，胚胎进入小卵黄栓期后随机取样统计受精率。

1. 水温与孵化效果的关系

在溶氧量不低于发育期要求的正常标准时，鲟科鱼类在不同温度下胚胎发育有很大差异。在一定范围内随温度的升高而发育加快。对不同水温下孵化胚胎的出膜率统计表明，孵化水温 13～15 ℃时，出膜率为 25%左右，17～19 ℃时为 65%，20～22 ℃时则为 30%左右。

2. 孵化水量的控制

水量控制的原则是保证孵化用水中足够的氧气，及时排出胚胎发育过程中的废物，同时还要兼顾拨卵器的定时动作。每种孵化器的供水量各不相同，应根据具体情况掌握。如鲟鱼Ⅰ号孵化器每台应保证在 2 米^3/小时左右，尤先科孵化器每台为 3 米^3/小时左右，瓶式孵化器则必须保证鱼卵能正常翻动，没有不动的卵。孵化的前期，鱼的呼吸量小，随着胚胎发育的进行，呼吸量不断加大，到出膜前最大。因此水量的调整也可从小到大，到出膜前达到应有的供水量。

3. 水霉控制

在孵化过程中，水霉是影响鲟鱼孵化率的主要病害。水霉可以把活卵缠裹住，如不及时处理，被缠裹住的活卵与死卵形成块后，会造成局部缺氧，活卵会因缺氧而死亡。使用瓶式孵化器不存在这个问题，由于死卵的相对密度比活卵小，在孵化过程中通过调节水流，可以把死卵从孵化器中排出。使用其他几种孵化器孵化鲟鱼卵，对水霉的控制是孵化成败的关键。一般的控制方法主要有两种：第一种是食盐与碳酸氢钠合剂（1∶1），使孵化用水达到 8 毫克/升浓度；第二种是亚甲基蓝，使孵化用水浓度为 2～3 毫克/升。两种方法每天消毒 1 次，每次 10～20 分钟。

4. 鱼苗收集

鱼苗收集方法与使用的孵化器种类紧密相关。目前国内使用较多的孵化器是尤先科孵化器，孵化出的鱼苗必须人工从盛卵槽内捞出，收苗工作量很大。比较先进的孵化器是瓶式和鲟鱼Ⅰ号孵化器，这两种孵化方式都有鱼苗导流槽，在导流槽的终端有一个小网箱用来收集鱼苗。收集鱼苗的时间根据网箱中鱼苗的密度而定，一般出苗高峰时半小时就要收集 1 次。

（三）鲟鱼的胚胎发育过程

鲟鱼作为最古老的鱼类之一以及骨骼生长的特性，其胚胎发育的研究从 20 世纪 70 年代至今一直吸引着众多的学者。最早的报道是关于小体鲟（*Acipenser ruthenus*）胚胎发育的描述。其后 Salensky 等在 1881 年对其研究做了一些补充；Ryder 在 1888 年对大西洋鲟的胚胎发育及养殖潜力做了更细致的研究，并首次附有鲟鱼苗及成鱼图进行说明。苏联在 20 世纪 50 年代开始对几种鲟鱼进行养殖，同时也为细致地进行鲟鱼的研究提供了条件，包括胚胎发育的研究。美国的 Beer 对白鲟进行了胚胎发育的描述及有关养殖的报道。鲟鱼卵与两栖类卵很相似，卵黄物质充满细胞质，此类卵受精后胚胎发育的许多特征都很相似，这与大多数硬骨鱼类不同。因此早期对鲟鱼胚胎的很多研究都关注比较发育及进化，希望能得到有关进化方面的信息，但现代的研究越来越关注对鲟鱼养殖的作用，缩小研究与应用的距离。

根据对欧鳇（*Huso huso*）、俄罗斯鲟（*Acipenser gueldenstaedti*）、闪光鲟（*A. stellatus*）和小体鲟（*A. ruthenus*）的胚胎发育研究，不同种鲟鱼的胚胎结构非常相似。Dettlaff 等将鲟鱼的胚胎发育划分为 5 个阶段：受精，卵裂和囊胚，原肠胚，原肠胚结束到心跳开始，心跳开始到孵出鱼苗，并分解成 36 个时期，并以俄罗斯鲟胚胎发育为基础绘制了模式图。最初判断受精率可以在第二次卵裂开始，未受精的卵卵裂比受精卵要推迟，而多精受精的卵比正常发育的卵要快一些；未受精的卵可以发育到原肠胚期，到小卵黄栓塞是可以更精确地判断受精率和正常胚胎率。笔者胡红霞等从鲟鱼受精后开始每隔 1 小时随机取 10 粒卵放入培养皿里，加少量的水，用解剖针去除外包卵膜后，用 OLIMPUS 体视镜对胚胎发育情况作连续的观察，并记录胚胎发育不同阶段的时间，用 C－7070 Wide Zoom OLIMPUS 数码照相机拍照（图 3－2）。

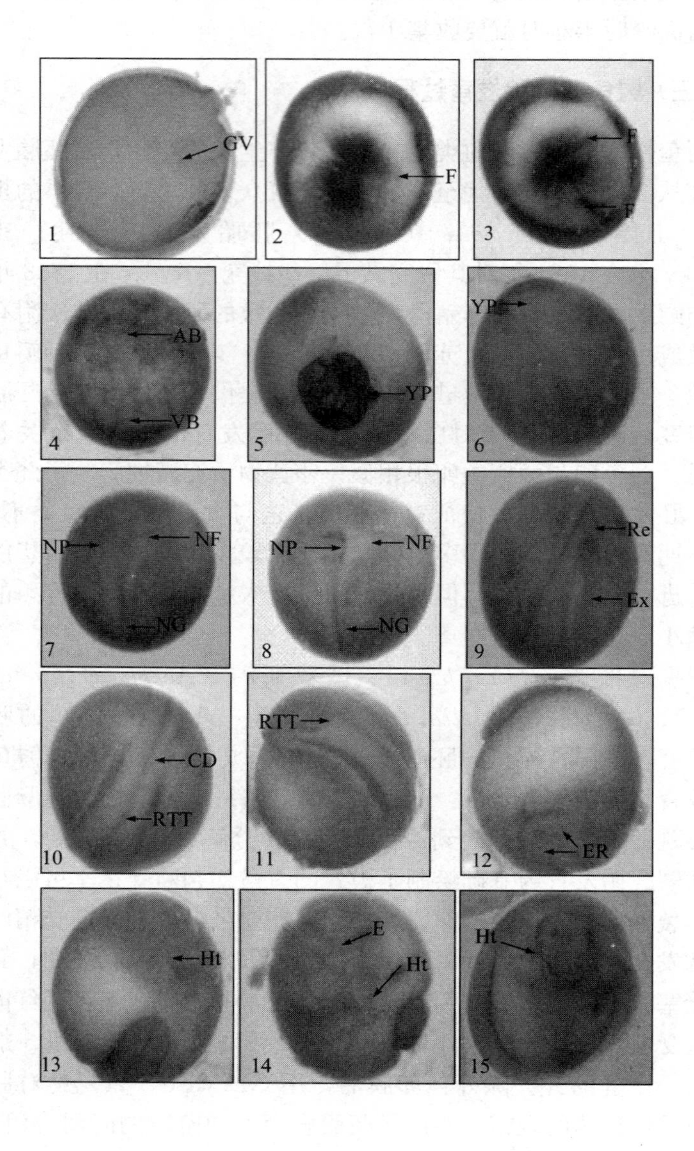
GV
1
F
2
F
F
3
AB
VB
4
YP
5
YP
6
NP
NF
NG
7
NP
NF
NG
8
Re
Ex
9
CD
RTT
10
RTT
11
ER
12
Ht
13
E
Ht
14
Ht
15

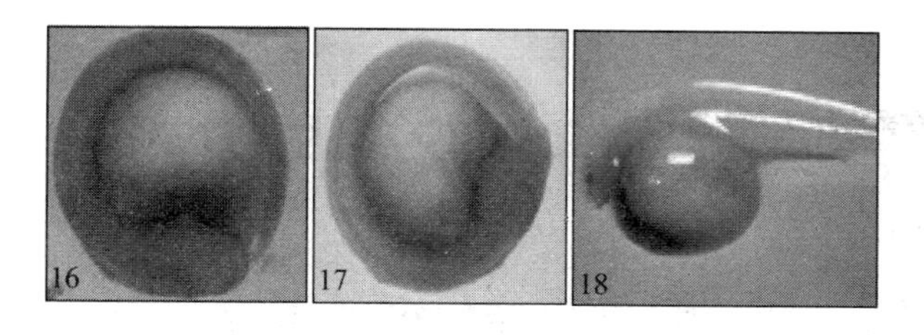

图3-2　鲟鱼胚胎发育图

AB. 囊胚动物极小分裂球　CD. 原肾管集合部　E. 眼　ER. 眼原基　Ex. 排泄系统原基　F. 卵裂沟　GV. 核泡　Ht. 心脏　NG. 神经沟　NF. 神经褶　NP. 神经板　RTT. 后躯干和尾部原基　Re. 菱脑　VB. 囊胚植物极大分裂球　YP. 卵黄栓

1. 未受精卵细胞核极化　2. 二细胞期　3. 四细胞期　4. 囊胚期　5. 大卵黄栓塞期　6. 小卵黄栓塞期　7. 宽板神经胚期　8. 神经胚末期　9. 神经管闭合　10. 后躯干和尾部雏形背面观　11. 后躯干和尾部雏形尾部观　12. 尾部游离，眼囊出现　13. 心管出现　14. 心管加长，心跳明显　15. 尾部到达心脏，头部游离，胚胎开始动　16. 尾部到达头部　17. 尾部超过头部，胚胎扭动剧烈　18. 初孵仔鱼

第四章　鲟鱼营养与饲料

第一节　鲟鱼营养与饲料研究简况

饲料是影响鲟鱼生产效益的重要因素，占水产养殖成本的60%～70%。饲料营养与品质是影响鱼类的繁殖、生长性能和品质的重要因素，仅次于鱼品种对其的影响。饲料营养和品质不仅影响鱼类繁殖和生长性能，还对其免疫性能、抗病效果、产品品质、安全和环境的保护有重要影响。因而，从鲟鱼健康生长、生产优质安全的水产品、保护环境的角度研究鲟鱼营养与开发鲟鱼饲料，对于实现鲟鱼健康、高效、环境友好型生产，提供安全、优质的冷水鱼产品非常重要。

所有鲟鱼品种，包括鱼子酱都在国际濒危动物保护组织（CITES）的目录中，虽然世界鲟鱼养殖产量的80%在我国，但长期以来我国对鲟鱼营养与饲料的研究投入严重不足，国际上从事鲟鱼营养与饲料的研究人员也相对较少，导致鲟鱼营养的研究大大落后于鲑鳟、鲤科鱼类、罗非鱼等品种。尤其是鲟鱼作为软骨硬鳞鱼类，其分类地位和营养代谢与硬骨鱼类存在很大差别，由于对鲟鱼营养与饲料的研究缺乏，导致目前鲟鱼饲料缺乏营养需要标准，饲料配制多参考鲑鳟鱼类营养需要参数，饲料能量蛋白质比偏高，营养不平衡，导致生产性能差，饲料效率低。甚至是导致鱼内脏脂肪蓄积，成为脂肪肝及肠炎病高发的重要原因之一。特别是北京及周边主养的西伯利亚鲟、施氏鲟和二者正反杂交种之间的营养需求也存在较大差别，需要系统研究。此外，鲟鱼性成熟晚，一般至少需要3～4年，甚至7～12年，对鲟鱼亲本营养的研究几乎为空白。

20世纪80—90年代，法国和美国的专家分别对西伯利亚鲟和高首鲟的基础营养需求进行了研究。明确了西伯利亚鲟和高首鲟对饲料中蛋白质和能量的需求，评估了二者对糖的利用能力以及通过肌肉和全鱼成分提出了最佳氨基酸模型等。以上研究大部分都基于高鱼粉、高鱼油的饲料配方模式上。进入21世纪以后，世界鲟鱼养殖的重心逐渐转移到我国，在鲟鱼营养与饲料方面的研究停滞了相当长一段时间。

第二节　鲟鱼蛋白质和氨基酸需求

蛋白质和氨基酸是机体组成和代谢中最重要的物质，机体中的每一个细胞和所有重要组成部分都有蛋白质参与，没有蛋白质就没有生命。由于鱼类先天性缺乏利用碳水化合物的能力，需要蛋白质作为能源物质，因此其对蛋白质和氨基酸的需求通常高于其他动物。水产动物对饲料中的蛋白质水平要求较高，一般占饲料的25%～50%，在肉食性鱼类的饲料中其蛋白需要量更高，一般为40%～50%。鱼类体内不能有效合成所有氨基酸，因此，在饲料中需要有针对性地进行补充。

有至少20种基本氨基酸类型参与蛋白质合成，其中赖氨酸、蛋氨酸等10种氨基酸为鱼类的必需氨基酸（表4-1）。此外，还有很多种类型的氨基酸是经过翻译后修饰形成的。例如羧基化谷氨酸可以和钙离子更好地结合，而羟脯氨酸是保证组织连接性的关键因子，是胶原蛋白的主要成分等。除了参与蛋白质合成，氨基酸还在代谢过程中发挥重要作用，是构成各种辅酶、原血红蛋白、几丁质及卟啉的前体物质、代谢中间体、激素、生物胺等成千上万的机体基础分子物质的重要成分。鱼类对蛋白质的需要很大程度上是指对氨基酸的需要，因此在对鱼类饲料蛋白质需求及鱼粉替代的研究中需要考虑氨基酸的平衡性。不同品种鱼类由于受食性、生长环境、个体大小、营养史等因素的影响，其对饲料中蛋白质和氨基酸的需求会有较大的差异，因此对主要养殖品种的营养需求研究通常从蛋白质和氨基酸需求起步。目前，美国国家研究委员会（NRC）

在 2011 年报道了大西洋鲑、虹鳟、鲤、罗非鱼、斑点叉尾鮰等 8 个全球主要养殖品种的必需氨基酸的需求量。其他品种亦有较为零散的蛋白质和氨基酸需求的报道。总体而言，大量的研究发现鱼类全鱼或者肌肉的氨基酸组成可以作为其饲料中理想蛋白模型的参考。

表 4-1　鱼类必需氨基酸和非必需氨基酸

	氨基酸	英文缩写	
必需氨基酸	精氨酸（Arginine）	Arg	R
	组氨酸（Histidine）	His	H
	异亮氨酸（Isoleucine）	ILE	I
	亮氨酸（Leucine）	Leu	L
	赖氨酸（Lysine）	Lys	K
	蛋氨酸（Methionine）	Met	M
	苯丙氨酸（Phenylalanine）	Phe	P
	苏氨酸（Threonine）	Thr	T
	色氨酸（Tryptophan）	Trp	W
	缬氨酸（Valine）	Val	V
非必需氨基酸	丙氨酸（Alanine）	Ala	A
	天门冬酰胺（Asparagine）	Asn	N
	天门冬氨酸（Aspartate）	Asp	D
	半胱氨酸（Cysteine）	Cys	C
	甘氨酸（Glycine）	Gly	G
	谷氨酸（Glutamate）	Glu	E
	谷氨酰胺（Glutamine）	Gln	Q
	脯氨酸（Proline）	Pro	P
	丝氨酸（Serine）	Ser	S
	酪氨酸（Tyrosine）	Tyr	Y

一、鲟鱼对蛋白质的需求量

邢西谋于 2003 年证明俄罗斯鲟幼鲟对饲料中粗蛋白质的最适需求量为 42%。Moore 等于 1988 年报道高首鲟幼鱼对蛋白质的需求量为 38%～42%。Kaushik 等于 1989 年、1991 年报道体重分别为 90～400 克和 20～40 克的西伯利亚鲟饲料的适宜蛋白含量分别为 40%和 35%。石振广于 1998 年推荐施氏鲟仔鱼、稚鱼、幼鱼、成鱼期蛋白质需求量分别为 54%、40%～50%、37%、32%～36%。鱼类对蛋白质的需求量与饲料的能量水平和鱼的增重率有关。因此，以单位鱼体增重所需蛋白质量表示更为准确。Hung 和 Lutes 于 1987 年用粗蛋白质含量为 43%的颗粒饲料投喂体重为 30～40 克的白鲟，发现日投饵率为 2.0%时，体重及饲料利用率均达到最佳。依最适投喂量计算，鲟鱼鱼种蛋白质最适需求量约为每天每千克体重 20 克。Hung 等于 1988 年研究表明，在 18 ℃时体重250～500 克鲟鱼最适蛋白质需求量为每天每千克体重 6.5 克。随着个体增大，饲料蛋白质的最适需求量减少。Xue 等于 2012 年和 Yun 等于 2014 年均发现对于初始体重为 39 克的西伯利亚鲟，其饲料蛋白质水平可以从 40%降到 36%。

二、鲟鱼对氨基酸的需求量

Ng 和 Hung 于 1994 年比较了 20 克、58 克、180 克、535 克高首鲟的全鱼氨基酸组成发现：除了组氨酸和甘氨酸外其他氨基酸结构大致是相似的。20 克的高首鲟必需氨基酸理想蛋白质模型（占粗蛋白质百分比）结构为：赖氨酸，7.96%；蛋氨酸，3.17%；苏氨酸，4.74%；精氨酸，7.69%；组氨酸，1.91%；异亮氨酸，4.41%；亮氨酸，6.52%；苯丙氨酸，4.79%；色氨酸，0.67%；缬氨酸，4.84%。Ng 和 Hung 于 1995 年重新估测的初始体重为 66.7 克高首鲟的必需氨基酸模型，发现饲料必需氨基酸的需求量（占粗蛋白质百分比）为：精氨酸，4.77%；组氨酸，2.25%；异亮氨酸，2.99%；亮氨酸，4.27%；赖氨酸，5.36%；蛋氨酸，2.03%；苯丙氨酸，2.98%；苏氨酸，3.28%；色氨酸，0.29%；缬氨酸，3.28%。

三、鲟鱼饲料中替代蛋白源的研究与应用

水产饲料中的蛋白质是最重要也最昂贵的饲料组成成分，对于肉食性鱼类来说尤其重要。这些鱼类往往比淡水杂食性鱼类有更高的蛋白质需求。鱼粉曾经是主要的饲料蛋白质来源，通常占到鱼饲料的20%～60%。优良品质的鱼粉具有卓越的营养特性：极易被消化，且绝大多数必需氨基酸的含量很高；此外，鱼粉还包含多种必需或者条件性必需营养素，例如ω-3长链多不饱和脂肪酸（ω-3 HUFA）、矿物质以及其他营养成分。这些营养成分支撑着鱼粉作为鱼类饲料原料的整体价值。近年来，由于过度捕捞、环境污染及厄尔尼诺现象等不良气候的影响，野生鱼粉资源日益减少，导致世界鱼粉产量有所下降，而当今世界水产养殖业却以每年平均11%的速度增长。我国是水产养殖大国，水产品出口价值占全部农产品出口额的30%左右，水产养殖产量占全球养殖总产量的60%～70%。我国每年要消耗国际市场鱼粉交易的30%～40%，已成为全球最大的鱼粉消费国。同时，我国也是一个缺乏优质蛋白质来源的国家，目前我国的饲用鱼粉和用于豆粕生产的大豆近70%依赖进口。因此，目前我国水产动物营养与饲料工业面临的最主要矛盾，仍然是日益增长的对鱼粉的需求与渔业资源逐步减少、价格逐渐攀升之间的矛盾，这一矛盾在肉食性鱼类养殖中尤其突出。因此，如何有效降低肉食性鱼类饲料蛋白质水平、降低鱼粉的用量，从而降低饲料成本，减少氮、磷排放，提高肉食性鱼类对其他蛋白质来源的利用是水产养殖业可持续发展的重大需求。

关于西伯利亚鲟配合饲料中替代蛋白的研究相对较多，另有一些关于俄罗斯鲟和杂交鲟的少量报道。Palmegiano 等于 2005 年用螺旋藻粉替代西伯利亚鲟饲料中 40%～60%的鱼粉后，鱼体增重显著增加，饲料系数降低，蛋白质效率显著提高。但是由于螺旋藻粉本身价格昂贵，不可能在饲料中大量使用。Liu 等于 2009 年首先报道了西伯利亚鲟对鱼粉、肉骨粉、鸡肉粉、水解羽毛粉、酶解羽毛粉和豆粕等主要蛋白质来源的干物质、蛋白质、能量、总磷和

氨基酸的表观消化率的结果。基于可消化水平理想蛋白质模型，通过补充必需氨基酸（Lys、Met 和 Thr），吴秀峰等和 Zhu 等分别于 2000 年和 2011 年成功将西伯利亚鲟饲料中 40%～50%的鱼粉分别采用脱酚棉籽粉和混合陆生动物蛋白取代，同时发现对于西伯利亚鲟而言，对饲料适口性的要求并不苛刻。其后，相继发现无论用植物性或陆生动物性替代蛋白替代饲料中的鱼粉，即使达到 100%替代，都表现出一致的结果：即随替代水平的提高，西伯利亚鲟摄食率不仅没有降低，反而随之显著升高，而且生长性能及体成分与高鱼粉组没有显著差异。西伯利亚鲟在可消化理想蛋白质模式下，可实现对无鱼粉饲料的高效利用，并可将饲料蛋白质水平从 40%降低到 36%，而不影响生长性能。相反，采用混合植物蛋白质（豆粕：谷元粉＝6：4）替代鱼粉后，可显著降低养殖过程中磷的排放，同时低蛋白质饲料的氮排放也显著低于高蛋白质组。西伯利亚鲟并非典型肉食性鱼类，对鱼粉基本没有依赖。

然而，并非所有鲟鱼都能有效利用植物蛋白质源，通过对施氏鲟（*Acipenser schrenckii*），施氏鲟和西伯利亚鲟正反交后代（*A. baerii*♀×*A. schrenckii*♂和 *A. schrenckii*♀×*A. baerii*♂）的研究中发现，施氏鲟利用植物蛋白质的能力较差。虽然各组鱼对植物蛋白质饲料的摄食显著高于鱼粉组，但其特定生长率（specific growth rate，SGR）仅为鱼粉组的一半。相对而言，两组杂交后代利用植物蛋白能力有所提高，SGR 均显著高于施氏鲟组，但相对于鱼粉组仍然显著降低。说明杂交后代兼具了西伯利亚鲟和施氏鲟的营养代谢特点。此外，Sicuro 等于 2012 年也报道杂交鲟（*A. naccarii*×*A. baerii*）对玉米蛋白质粉有较高的利用能力，可以取代饲料中 85%以上的鱼粉（对照组鱼粉使用量为 54%）。

第三节　鲟鱼能量代谢研究进展

一、鲟鱼脂肪及脂肪酸的需求

高首鲟幼鱼摄食高能量蛋白质比的两种实验饲料（43%蛋白质＋

26%脂肪和35%蛋白质+41%脂肪），其生长要显著低于摄食低能量蛋白质比的商业饲料（43%蛋白质+17%脂肪）。以等量混合的猪油和豆油作为脂肪源，在俄罗斯鲟（*Acipenser gueldenstaedti*）饲料中分别添加0%、2%、5%和8%，发现脂肪添加量为5%时其相对增重率最高，饲料系数最低；以等量混合的鳕鱼肝油和豆油作为脂肪源研究施氏鲟（*A. schrenckii*）脂肪需要量时发现，其饲料中脂肪的适宜含量为5.6%～11.4%，最适含量为7.5%～9.6%；高首鲟仔鱼在饲料等蛋白质的情况下，摄食含17%脂肪饲料的生长要显著快于摄食含25%、33%和42%脂肪饲料的。

鲟鱼对于不同脂肪源的利用能力存在种间差异。分别以混合油（玉米油∶鳕鱼肝油∶猪油=1∶1∶1）、玉米油、鳕鱼肝油、猪油、亚麻籽油、大豆油、红花油和芥花油作为脂肪源，按照15%的比例添加到饲料中饲喂高首鲟9周，发现其体增重、饲料效率和鱼体组成成分均没有显著差异；分别以鱼油、猪油、葵花籽油、豆油、混合油（鱼油∶豆油∶猪油=1∶1.2∶0.8）和氧化鱼油作为脂肪源，在施氏鲟饲料中添加6%，使饲料总脂肪含量为15%，养殖7周后发现，混合油和鱼油组的增重率显著高于猪油组、葵花油组和氧化鱼油组，氧化鱼油、猪油、葵花籽油均不利于施氏鲟的脂肪代谢；分别以鱼油、大豆油和向日葵油作为脂肪源，在俄罗斯鲟幼鱼饲料中添加10%，使饲料中总脂肪含量为14%，养殖63天后发现鱼油组与向日葵油组之间生长性能无显著差异，均显著高于大豆油组；在欧洲鳇（*Huso huso*）幼鱼饲料中添加10%的脂肪，以向日葵油和大豆油（1∶1）、向日葵油和芥花油（1∶1）、大豆油和芥花油（1∶1）分别替代50%的鲱鱼油以及向日葵油、大豆油和芥花油（1∶1∶1）100%替代鲱鱼油，发现其生长、饲料效率和鱼体组成成分均没有显著差异。虽然多数研究证明鲟鱼能够有效地利用除鱼油外的其他脂肪源，但组织中脂肪酸组成却受到饲料脂肪酸组成的显著影响。水产饲料中常用脂肪源的脂肪酸组成见表4-2。对于鲟鱼脂肪酸需要量的研究相对较少。Deng等在1998年通过给高首鲟饲喂8种不同脂肪源的纯化饲料16周来评估其对必需脂肪酸的需求，结

表 4－2　常用脂肪源脂肪酸组成和胆固醇含量

脂肪源	14：0	16：0	18：0	16：1	18：1	20：1	22：1	18：2 ω－6	18：3 ω－6	20：4 ω－6	18：3 ω－3	18：4 ω－3	20：5 ω－3	22：5 ω－3	22：6 ω－3	ω3：ω6	总ω－3长链不饱和脂肪酸	胆固醇 (mg/kg)
动物油																		
牛油	3.7	24.9	18.9	4.2	36.0	0.3	—	3.1	—	—	0.6	—	—	—	—	0.2	—	1 000
猪油	1.3	23.8	13.5	2.7	41.2	1.0	—	10.2	—	—	1.0	—	—	—	—	0.1	—	950
鸡油	0.9	21.6	6.0	5.7	37.3	0.1	—	19.5	—	—	1.0	1.1	—	—	—	0.1	—	770
黄油	1.9	16.2	10.5	2.5	47.5	—	—	18.5	—	—	1.9	—	—	—	—	0.1	—	—
鱼油																		
凤尾鱼油	7.4	17.4	4.0	10.5	11.6	1.6	1.2	1.2	0.1	0.1	0.8	3.0	17.0	1.6	8.8	24.0	27.4	8 445
鳀鱼油	7.9	11.1	1.0	11.1	17.0	18.9	14.7	1.7	t	0.1	0.4	2.1	4.6	0.3	3.0	6.8	7.9	—
鳕鱼肝油	3.2	13.5	2.7	9.8	23.7	7.4	5.1	1.4	—	1.6	0.6	0.9	11.2	1.7	12.6	9.0	25.5	—
大西洋鲱鱼油	6.4	12.7	0.9	8.8	12.7	14.1	20.8	1.1	0.2	0.3	0.6	1.7	8.4	0.8	4.9	12.7	14.1	8 680
太平洋鲱鱼油	5.7	16.6	1.8	7.6	22.7	10.7	12.0	0.6	0.1	0.4	0.4	1.6	8.1	0.8	4.8	15.7	13.7	—
磷虾油	9.8	21.3	1.1	4.6	16.8	1.1	0.5	2.1	0.2	0.3	2.4	6.5	17.4	0.5	11.4	14.4	30.1	—
鲭鱼油	7.8	15.9	1.7	8.2	12.9	12.0	13.9	1.3	0.1	0.4	1.0	2.5	7.6	0.6	7.7	10.8	15.9	—

（续）

脂肪源	14∶0	16∶0	18∶0	16∶1	18∶1	20∶1	22∶1	18∶2 ω－6	18∶3 ω－6	20∶4 ω－6	18∶3 ω－3	18∶4 ω－3	20∶5 ω－3	22∶5 ω－3	22∶6 ω－3	ω3∶ω6	总ω－3长链不饱和脂肪酸	胆固醇（mg/kg）
鱼油																		
鳕鱼油	4.0	13.3	2.5	6.8	22.7	7.2	4.9	0.9	—	0.4	0.7	2.4	12.6	1.3	9.7	12.2	24.2	—
沙丁鱼油	7.6	16.2	3.5	9.2	11.4	3.2	3.6	1.3	—	1.6	0.9	2.0	16.9	2.5	12.9	12.1	32.3	—
植物油																		
芥花油	—	3.1	1.5	—	60.0	1.3	1.0	20.2	—	—	12.0	—	—	—	—	0.6	—	8 760
椰子油	16.8	8.2	2.8	—	5.8	—	—	1.8	—	—	—	—	—	—	—	0.0	—	8 405
玉米油	—	10.9	1.8	—	24.2	—	—	58.0	—	—	0.7	—	—	—	—	0.0	—	8 755
棉籽油	0.8	22.7	2.3	0.8	17.0	—	—	51.5	—	—	0.2	—	—	—	—	0.0	—	8 605
亚麻籽油	—	5.3	4.1	—	2.02	—	—	12.7	—	—	53.3	—	—	—	—	4.2	—	—
橄榄油	0.0	11.0	2.2	0.8	72.5	t	—	7.9	—	—	0.6	—	—	—	—	<0.1	—	8 750
棕榈油	1.0	43.5	4.3	0.3	36.6	0.1	—	9.1	—	—	0.2	—	—	—	—	0.0	—	8 010
棕榈仁油	16.0	8.2	2.2	—	15.5	—	—	2.2	—	—	—	—	—	—	—	0.0	—	—
花生油	0.1	9.5	2.2	17.8	0.1	1.3	—	32.0	—	—	—	—	—	—	—	0.0	—	8 735
红花油	0.1	6.2	2.2	0.4	11.7	—	—	74.1	—	—	0.4	—	—	—	—	0.0	—	8 760
大豆油	0.1	10.3	3.8	0.2	22.8	0.2	—	51.0	—	—	6.8	—	—	—	—	0.1	—	8 750
葵花籽油	—	5.9	4.5	—	19.5	—	—	65.7	—	—	—	—	—	—	—	0.0	—	8 760

果证明，高首鲟需要在其饲料中同时补充ω-3和ω-6系列多不饱和脂肪酸；Sener等于2005年也证明了俄罗斯鲟同时需要ω-3和ω-6系列多不饱和脂肪酸。另外，高首鲟具备由18：2ω-6和18：3ω-3分别合成20：4ω-6和22：6ω-3的能力，并且其利用饲料中的脂肪酸合成22：6ω-3的能力要强于合成20：4ω-6。

二、鲟鱼对糖的需求

在饲料三大能源物质中，糖类（碳水化合物）是最廉价的能源。虽然糖类在哺乳动物中是最主要的能量来源，但其对鱼类的重要性却十分有限。其主要原因是鱼类尤其是肉食性鱼类无法有效地利用饲料中较高含量的糖。但鲟鱼相比肉食性鱼类，能较好地利用饲料中的糖。Furne等在2005年、2008年通过对亚得里亚鲟（*Acipenser naccarii*）和虹鳟消化道内淀粉酶、蛋白酶和脂肪酶活性的比较研究发现，鲟鱼消化道内淀粉酶活性以及淀粉酶与蛋白酶的比例均高于虹鳟，证明亚得里亚鲟比虹鳟具有更强的淀粉消化能力。Lin等于1997年证明高首鲟对饲料中糖的利用能力要强于杂交罗非鱼，并且采用连续投喂策略能够显著提高其对糖的利用。饲料中添加适当含量的糖，能够有效地提高鲟鱼对饲料营养物质的利用，并促进其更快地生长。高首鲟幼鱼饲料中含7%～35%的D-葡萄糖时，其增重率、能量保留率和体脂肪含量均显著高于不含葡萄糖的饲料；西伯利亚鲟幼鱼饲料中包含38%的糊精或者46%的挤压玉米能够促进其生长，并有效地降低饲料中蛋白质的需要量（从42%降低至36%）；西伯利亚鲟幼鱼饲料中添加21%的α-淀粉能够有效地提高其相对增重率和特定生长率，提高饲料转化率、蛋白质效率、蛋白质和碳水化合物的消化率、能量生长效率，并降低饲料系数。

鲟鱼对于不同糖源的利用能力存在明显的差异。Kaushik等1989年的研究认为西伯利亚鲟幼鱼不能有效利用复杂的碳水化合物如生淀粉，但能够有效地利用糊精和挤压玉米；Hung在1991年的研究表明，当高首鲟饲料中添加27.2%的7种糖类，以鱼体能量蓄积率为评价指标，其利用率由高至低依次为：葡萄糖＝麦芽糖、蔗糖＝糊精＝生玉米淀粉、乳糖＝果糖＝纤维素；Lin 等于 1997 年分别在高首鲟饲料中添加 30％的淀粉和葡萄糖，淀粉组的特定生长率、饲料效率和蛋白质效率都显著高于葡萄糖组；在施氏鲟饲料中分别添加 22％的 7 种糖类，以增重率、特定生长率和饲料效率为评价指标，其对各糖源的利用能力依次为糊精＝α-淀粉、葡萄糖＝玉米淀粉、麦芽糖、蔗糖＝果糖，而其对糖源的消化率由高至低依次为果糖＝葡萄糖、麦芽糖、糊精、α-淀粉、玉米淀粉；Herold 等在 1995 年证明高首鲟对几种糖源的表观消化率由高至低依次为葡萄糖＝半乳糖＝麦芽糖、糊精、果糖＝蔗糖、乳糖＝粗玉米淀粉、纤维素。另外，饲料加工工艺也会影响鲟鱼对糖的利用，Kaushik 等在 1989 年证明糊精和挤压玉米相比生淀粉能够更好地被西伯利亚鲟所利用。Deng 等于 2005 年证明饲料中的葡萄糖在加工过程中发生美拉德反应可导致高首鲟生长性能的下降。

三、鲟鱼糖脂代谢研究

糖类和脂肪作为动物体内主要的供能物质，二者在代谢上存在着密切的联系。与陆生哺乳动物不同，大多数鱼类都会优先利用脂肪而不是糖来提供能量。Médale 等在 1991 年证明对西伯利亚鲟幼鱼而言，脂肪作为能量来源比糖更为有效，并且相比糖，饲料中的脂肪能够更有效地节约蛋白质。当饲料中含有较高含量的可消化糖时，鲟鱼会将多余的能量转化成脂肪进行贮存。Hung 等在 1989 年研究证明，相比蔗糖、糊精等其他糖源，当高首鲟饲料中含有其利用率最高的葡萄糖和麦芽糖时，鱼体脂肪含量和血浆甘油三酯水平均显著升高。高首鲟幼鱼摄食含不同 D-葡萄糖含量（0％、7％、14％、21％、28％和 35％）的饲料 8 周，随着饲料葡萄糖含量的增加，血浆中甘油三酯含量逐渐上升，并且摄食 28％和 35％葡萄糖饲料的鱼肝脏中脂肪合成酶的活性是摄食 0％和 7％含量饲料的 2～3 倍。郭文英在 2010 年也同样发现当西伯利亚鲟饲料中 α-淀粉水平逐渐上升时（9％～25％），鱼体的脂肪含量和能量也逐渐上升。

第四节　鲟鱼饲料添加剂及其安全使用

一、维生素添加剂

维生素是维持鱼类正常生理机能必不可少的一类低分子化合物，也是维持鱼类生命所必需的微量成分。每一种维生素都起着其他物质所不能替代的特殊营养生理作用。目前，鲟鱼饲料中添加的维生素有10余种，添加时还要考虑到饲料加工工艺对其的影响，以使饲料中添加的维生素达到预期效果。

（一）水溶性维生素

水溶性维生素是指能在水中溶解的一组维生素。在鲟鱼饲料中添加的有11种。其中B族维生素、叶酸添加量较少，而肌醇、氯化胆碱和维生素C添加量较大。水溶性维生素在饲料中的添加如果超越肝脏或组织蓄积能力时，可急剧代谢，强行排泄，不易引起过剩症。

1. 维生素 B_1

常用的商品有盐酸硫胺和硝酸硫胺，均为白色结晶状粉末（后者略带黄色），耐酸、耐热而对碱敏感，见光易分解，硝酸硫胺素比盐酸硫胺素更稳定，商品维生素 B_1 的含量一般在96%。

2. 维生素 B_2

维生素 B_2 为黄色或橙黄色结晶状粉末，微臭，味微苦，微溶于水，吸附性较强，易吸潮，对光、碱及紫外线敏感。商品中核黄素含量为96%或80%，也有55%或50%的。

3. 维生素 B_3

其添加剂形式为泛酸钙，D-泛酸钙的活性为100%，而DL-泛酸钙的活性仅为50%。泛酸钙添加剂纯度一般为98%，也有经稀释后的产品，为白色粉末，对湿热敏感。

4. 维生素 B_5

市场上供应的维生素 B_5 有烟酸和烟酰胺两种，效果相同，均为白色或微黄色的结晶状粉末，其纯度较高，活性成分含量为98.5%～99.5%。

5. 维生素 B_6

为白色或近白色的结晶状粉末。其商品形式为盐酸吡哆醇，含活性成分82.3%，对热和氧稳定，碱性溶液中遇光分解。

6. 生物素

为白色针状结晶，对热、光、酸较稳定，一般受热不易分解，商品形式主要为1%或2%含量两种。

7. 叶酸

叶酸为黄色或橘黄色的结晶粉末，有黏性，其商品形式为稀释后产品，叶酸含量为1%、3%或4%。对空气和热稳定，而对光、酸、碱等均敏感。

8. 维生素 B_{12}

为深红色结晶粉末，含有钴。商品形式为0.1%、1%或2%有效含量，对湿热敏感。

9. 肌醇

肌醇是水溶性B族维生素中的一种，肌醇和胆碱一样具有亲脂肪性。商品为白色结晶粉末，有甜味，对湿度敏感，要注意贮存条件。

10. 氯化胆碱

氯化胆碱有固体和液体两种，市场上供应的固体氯化胆碱，一般用玉米芯或者二氧化硅作载体，含量为50%左右，胆碱为强有机碱，吸湿性很强，对其他维生素有破坏作用，不宜混合使用。

11. 维生素C

维生素C有很强的还原性，极不稳定，在大气中易氧化，遇高温、矿物质、碱性条件易变质，所以在饲料贮存和加工过程中易遭破坏。另外，维生素C有较强的酸性，应避免与其他维生素直接混合使用。目前在水产饲料中多使用维生素C多聚磷酸酯和包膜维生素C。多聚磷酸酯中维生素C的有效含量不低于35%，包膜维生素C的有效含量在95%以上。

（二）脂溶性维生素

包括维生素 A、维生素 D、维生素 E、维生素 K 4 种。脂溶性维生素具有不同的生理活性，蓄积作用不同于水溶性维生素，一旦大量摄取会因代谢趋缓而引起维生素过剩症，须引起注意。

1. 维生素 A

常见的有维生素 A 乙酸酯和棕榈酸酯，前者为鲜黄色结晶粉末，后者为黄色油状或结晶状固体。维生素 A 添加剂的市场规格一般为每克 50 万国际单位，为黄色至淡褐色颗粒，对热、酸及光敏感。

2. 维生素 D

维生素 D 活性一般用国际单位（IU）表示，1 国际单位等于 0.025 微克结晶维生素 D_3，维生素 D_3 也易氧化破坏，其商品亦是经酯化后的产品，市场规格一般为每克 50 万国际单位，为白色粉末，包被后稳定性较好。

3. 维生素 E

为淡黄色黏稠性油状液体（含量≥92%），极易被氧化，故维生素 E 添加剂为酯化形式，并加以包被处理。维生素 E 活性以国际单位表示，1 国际单位等于 1 毫克 α-生育酚醋酸酯。维生素 E 添加剂商品形式一般为微绿黄色粉末（含量不低于 50%），它在中性条件下较为稳定。

4. 维生素 K

维生素 K_3 添加剂有效成分为四萘醌，常见形式有亚硫酸氢钠甲萘醌的包被物（有效含量不低于 50%）和亚硫酸氢烟酰胺甲萘醌（有效含量不低于 43.9%）。

二、矿物质添加剂

鲟鱼在维持生命和生长、生殖等过程中，需要多种矿物元素，并且主要依赖饲料供给。许多饲料虽都含有多种矿物元素，但往往不能满足鲟鱼营养需要，需要从饲料补充物中摄取，这些补充物就称为矿物质添加剂。鲟鱼必需的矿物质元素有16种，其中钙、磷、钠、氯、钾、镁等为常量元素，而占体重0.01%以下的称为微量元素，包括铁、铜、锰、锌、钴、碘、硒、钼、铬等。

（一）常量元素饲料

1. 轻质碳酸钙（$CaCO_3$）

以石灰石为原料，经煅烧、加水调制，再经二氧化碳作用而制成。其特点是质地细洁，外观雪白，价格低廉。

2. 磷酸钙类

磷酸钙类是良好的无机磷源，其中磷酸二氢钙为水溶性的，易被消化吸收，利用率最高，磷酸氢钙、磷酸钙次之。

3. 磷酸钠类和磷酸钾类

商品磷酸钠、磷酸钾为白色的结晶粉末或颗粒状粉末。

4. 含镁、硫添加剂

养殖水域环境中，海水中含有较高含量的镁，淡水中也常含镁。若饲料中镁含量不足，一般以添加剂预混料形式添加，由于大部分矿物质添加剂均以硫酸盐的形式存在，因此饲料中一般不需要额外添加硫。

（二）微量元素饲料

1. 含铁饲料

最常用的是硫酸亚铁，有七水硫酸亚铁和一水硫酸亚铁，其中一水硫酸亚铁的含铁量为31%，使用较为广泛。

2. 含铜饲料

最常用的是一水硫酸铜，在加工时要注意硫酸铜的结块现象，尽量混合均匀。

3. 含锌饲料

常用的锌化合物有硫酸锌、碳酸锌和氧化锌。其中碳酸锌的生物学效价较高，氧化锌的价格较低，硫酸锌能吸湿返潮。在选用含锌原料时，应考虑这些问题。

4. 含锰饲料

常见的有硫酸锰、碳酸锰、氧化锰、氯化锰及氨基酸螯合锰。其中硫酸锰的生物学效价最高，氧化锰虽然效价不如硫酸锰，但价格低廉。

5. 含硒饲料

在饲料中一般使用亚硒酸钠。由于亚硒酸钠也有较强毒性，其安全剂量范围小且在饲料中的用量极少，因此在配制预混料时须严格控制，要事先制成稀释剂，以硒的预混合料的形式添加到饲料的预混料中，以免因混合不匀引起鲟鱼中毒。

6. 含钴饲料

常用的含钴化合物有硫酸钴和氯化钴。钴在鲟鱼饲料中添加量甚微，在预混料中所占比例很小，所以在加入配料前必须进行预混，只有制成预混料，才能保证其在饲料中分布均匀。

7. 含碘饲料

较安全常用的含碘化合物有碘化钾、碘化钠、碘酸钾和碘酸钙，因此在生产中使用碘酸钙较多。碘酸钙在水中溶解度低，稳定性好，生物学效价与碘化钾类似且价格上更有优势，因此已得到广泛使用。

三、饲料保存剂

鲟鱼饲料及原料在生产、运输、贮存及养殖使用过程中会受到各种自然条件及人为环境因素的影响，因而降低饲料及原料的营养价值，影响适口性，甚至产生毒素损害养殖动物的健康，因此饲料保存剂就是为使饲料或原料质量少受自然及人为因素的影响而开发的一类产品，主要包括抗氧化剂和防霉剂。

（一）抗氧化剂

抗氧化剂是防止饲料和原料氧化的一类物质的总称。鲟鱼饲料中动物性原料相对较多，这些物质中所含的脂肪较易氧化酸败。酸败的油脂会导致饲料适口性下降，毒性增强，造成鲟鱼中毒，严重时还会引起死亡，因此必须在饲料中添加抗氧化剂。

1. 乙氧喹

乙氧喹为黏滞的橘黄色液体，不溶于水，易溶于植物油。由于该液体难以与饲料混合，常制成含量25%的添加剂。饲料中的添加量为125～150毫克/千克。

2. 二丁基羟基甲苯

二丁基羟基甲苯为白色粉末或结晶粉末，不溶于水和甘油，易溶于酒精、油脂及有机溶剂中。二丁基羟基甲苯常用于油脂的抗氧化，适于长期保存不饱和脂肪含量较高的饲料或原料。饲料中的添加量为60～120毫克/千克。

3. 丁基羟基茴香醚

丁基羟基茴香醚为白色或微黄色蜡样结晶性粉末，带有特殊的酚类臭气或刺激味，不溶于水，易溶于油脂或有机溶剂，主要用于油脂抗氧化剂，并有较强的抗菌力，对热相对稳定。饲料中的添加量为125～150毫克/千克，最大使用量为200毫克/千克。

（二）防霉剂

防霉剂又称防腐剂，可防止水分含量高的鱼类饲料或原料在高温、高湿条件下发生霉变。它们主要是通过抑制微生物的代谢和生长，起到抑制霉菌生长的作用，同时也抑制了毒素的产生，避免了贮存期内饲料和原料中营养成分的损失。在鲟鱼饲料中常用的防霉剂为复合防霉剂，这类防霉剂是由丙酸、丙酸钙、富马酸、苯甲酸钠和双乙酸钠等多种有机酸与某种载体结合而成。复合防霉剂具有抗菌谱广，防霉效果好，受饲料因素影响小，用量少，对饲料水分及酸度要求不严格，无腐蚀性和刺激性等优点。缺点是抑菌不均匀，对饲料的混合均匀度要求高，价格普遍较高。

四、添加剂的安全使用

饲料添加剂在使用时要注意必须符合我国的法律法规。出于对食品安全的重视，我国政府建立了完整的法规体系，对饲料行业实施严格的监管。凡有违规违法行为，将受到相应处罚，直到追究刑事责任。

目前，饲料行业管理法规体系由下列法规、部门规章和规范性文件和禁止性文件构成，主要包括以下几个。

《饲料和饲料添加剂管理条例》（中华人民共和国国务院令第609号）

《兽药管理条例》（中华人民共和国国务院令第404号）

《饲料和饲料添加剂生产许可管理办法》（中华人民共和国农业部令2012年第3号）

《新饲料和新饲料添加剂管理办法》（中华人民共和国农业部令2012年第4号）

《饲料添加剂和添加剂预混合饲料产品批准文号管理办法》（中华人民共和国农业部令2012年第5号）

《进口饲料和饲料添加剂登记管理办法》（中华人民共和国农业部令2014年第2号）

《饲料质量安全管理规范》（中华人民共和国农业部令2014年第1号）

《饲料添加剂品种目录》（中华人民共和国农业部公告第1126号）

《饲料添加剂安全使用规范》（中华人民共和国农业部公告第1224号）

《饲料药物添加剂使用规范》（中华人民共和国农业部公告第168号）

《混合型饲料添加剂生产企业许可条件》（中华人民共和国农业部公告第1849号）

《禁止在饲料和动物饮用水中使用的药物品种目录》（中华人民共和国农业部公告第176号）

《禁止在饲料和动物饮用水中添加的物质》（中华人民共和国农业部公告第1519号）

需要特别注意的是，我国对于饲料原料和饲料添加剂、饲料药物添加剂的管理实行严格的许可制度，《饲料和饲料添加剂管理条例》明文规定“禁止使用国务院农业行政主管部门公布的饲料原料目录、饲料添加剂品种目录和药物饲料添加剂品种目录以外的任何物质生产饲料”，即只有在目录中允许使用的品种才能够使用，凡不在目录中的都不允许使用，并非只有禁止性文件中的物质才不能用。禁止性文件并不表示不在禁止目录中的物质就允许使用，而是把那些危害大的物质单独列出，若违法使用，则比一般性违规处罚更严厉。

另外要注意的是，水产饲料中目前没有任何一种药物饲料添加剂被允许使用（用于促生长方面）。《饲料药物添加剂使用规范》对饲料药物添加剂的使用作了严格规定，禁止超范围、超限量使用，也不允许直接使用原料药。

第五章 鲟鱼的人工养殖技术

第一节 我国北方地区主要养殖鲟鱼种类

目前，在我国北方地区开展的商业化养殖的鲟鱼养殖品种超过10种，但从养殖规模和产量来看，主要集中在4个纯种鲟鱼和1种杂交鲟。

一、西伯利亚鲟

西伯利亚鲟在自然界自鄂毕河西至科罗马河的所有大河中均有分布，后又被移入波罗的海水域、伏尔加河以及拉多湖等水域，并在这些水域形成自然种群。在我国新疆与苏联相通的支流中有分布，但种群数量少，不能形成产量。在所有鲟鱼品种中，西伯利亚鲟是商业化养殖国家最多的鲟鱼养殖品种（彩图17）。1996年，北京市水产科学研究所从欧洲率先引进到我国开展养殖。

二、施氏鲟

施氏鲟是黑龙江特有鱼类，自然界仅分布于黑龙江水系，属纯淡水品种，地方名为七粒浮子。栖息在河道中，是非洄游型鱼类，喜在沙砾江段索饵，在江底游动，成体很少进入浅水区；20世纪90年代后被中国水产科学研究院黑龙江水产研究所率先引种到东北、华北等地开展商品鱼养殖。

三、俄罗斯鲟

俄罗斯鲟在自然界主要分布在里海、亚速海、黑海以及与这些水域相通的河流。俄罗斯鲟除部分是洄游性种类外，还有部分为定栖种类。在伏尔加河栖息的大多为定栖种类。1993 年辽宁省大连一家养殖场首次从俄罗斯引进该品种。

四、匙吻鲟

匙吻鲟隶属鲟形目、匙吻鲟科，原产于美国中部和北部的湖泊、水库和海湾沿岸地带，是大型的淡水经济鱼类，其卵、肉、皮具有极高的经济价值（彩图 18）。该品种属广温滤食性鱼类，适合在我国大部分地区进行养殖，其耐低氧能力较鲢稍差，当养殖环境中消极因子增多时，该品种首先出现反应，因此可以作为一种水质预警鱼，对养殖环境的水质监控具有重要意义。20 世纪 90 年代首次引入我国，由此展开了相关育苗和商品鱼养殖的探索。2002 年北京市水产技术推广站正式将匙吻鲟引入北京，至今已进行了人工繁殖、苗种培育、多模式养殖等多方面的研究，并在京郊区县开展了一定规模的养殖推广。

五、杂交鲟

不同的鲟鱼品种之间极易杂交，北方地区目前养殖种类较多的为施氏鲟（♀）×西伯利亚鲟（♂）杂交种，该品种相比较亲本而言，生长速度快、抗病力强（彩图 19）。

第二节　苗种培育技术

鲟鱼仔鱼期一般指孵化后至开口摄食的阶段，稚鱼期指开口摄食至鱼体表五行骨板形成的阶段。也有人把仔鱼称为前期仔鱼，稚鱼称为后期仔鱼。幼鱼是指幼鱼体表骨板已长至尾柄基部，外观具备成鱼体型的鲟鱼。生产上通常把仔鱼、稚鱼称为鱼苗，幼鱼称为鱼种。

一、仔鱼的行为特性

Gisbert 于 1997 年描述西伯利亚鲟鱼苗在水温 18 ℃时，从孵化出苗到 3 日龄，能垂直游动，胸鳍发育不完全，仔鱼摆动躯干后部及尾部主动上游，然后被动地沉入池底。此阶段的仔鱼呈正趋光性。从第 4 天鱼苗逐渐在池底聚堆，聚堆行为持续到第 8 天，聚在池底的鱼苗有趋流性。第 9 天和第 10 天，随着卵黄囊的吸收，仔鱼聚堆行为逐渐消失，散开在池底，有些鱼沿池边游动；鱼苗仍顶流和趋弱光。鱼苗在实验结束时（22 日龄）一直保持此行为。

北京市水产科学研究所进行西伯利亚鲟鱼苗生产，在养殖水温 20 ℃时，鱼苗在 4 天之内趋光性很强，第 4 天开始有部分鱼苗在池底阴暗处聚堆，第 5～6 天几乎全部聚堆，聚堆的鱼苗顶流摆动尾和鳍褶。第 7 天开始有鱼苗散开平游，第 8 天半数以上鱼苗平游，卵黄囊接近消失，有部分鱼苗排出胎粪，此时开始投喂。生产中观察到施氏鲟、俄罗斯鲟与西伯利亚鲟仔鱼摄食前行为相似；小体鲟与其他种类有所不同，摄食前没有伏底聚堆行为，趋光性一直比较强，只能从卵黄囊的吸收情况判定开始投喂时间。

仔鱼中往往有一些畸形或体弱的个体。苏联在鲟鱼育苗中，利用仔鱼的趋光性，对仔鱼进行活力鉴定和分选，具体做法如下：夜间关闭育苗室光源，用手电或其他定向光源照射在育苗池水面形成一个半径 10～15 厘米的光圈，仔鱼便聚集到光圈内。光圈移动时，仔鱼随着游动，当光圈以 0.03～0.06 米/秒的速度移动时，发育正常、健壮的仔鱼能跟上光圈的移动，而身体畸形或体弱的鱼苗则落在后面形成一条长线形的队伍。光圈在任意轨道上移动 1.5～2.0 分钟后，把游在前面的健壮的仔鱼诱进一个专用的集鱼网箱内，关闭箱门，把其后质劣的仔鱼留在水池中，即完成分选工作。

二、对水环境的要求

（一）温度

西伯利亚鲟和俄罗斯鲟前期仔鱼在 11.0～21.5 ℃可过渡到外源性摄食，接近于胚胎适宜温度范围。低温下（11.0～13.8 ℃）外源性摄食开始得较晚，体长和体重减少。仔鱼培育温度略低于鱼种和成鱼培育，以 16～20 ℃为宜。不同鲟鱼种对水温的要求有些不同。在 17～22 ℃时，施氏鲟鱼苗成活率较高；俄罗斯鲟仔鱼的最适生活温度是 20～24 ℃；西伯利亚鲟仔鱼要求水温最好不要超过 20 ℃；匙吻鲟仔鱼要求水温在 20～22 ℃。

（二）溶解氧

鲟鱼仔鱼对溶氧量的要求比成鱼高，水中含氧量低于饱和溶解度的 80%时，对仔鱼有不良影响，一般要求不低于 6 毫克/升。养殖过程中可以看到有时鱼身体竖立水中，吻端露出水面，这并不是一般养殖品种因为水中缺氧而出现的浮头。目前还不太清楚鲟鱼这种行为的特殊意义，也许只是它们的一种游戏方法。

（三）光照

实验表明，俄罗斯鲟从孵出到主动摄食期间，直接太阳光照阻滞它们的生长和分化，出现多种畸形，前期仔鱼存活率明显下降。在中度日光或黑暗下，发育进行正常，生长率高于阳光直射情况。前期仔鱼具有感光反应，在自然界中能主动迁移到光照适宜的环境下发育。由于鲟鱼仔鱼和幼鱼都惧强光趋弱光，因此在苗种培育时，必须考虑光照条件。室内池一般为散射光，应避免将灯架在鱼池正上方；如果是室外池，则应搭棚遮光，避免阳光直射对鱼苗的影响，同时也减弱了浮游植物的生长和繁殖，避免造成池水肥化。

（四）氨氮

氨氮包括铵离子（NH_4^+）和游离氨（NH_3），NH_4^+ 的毒性小，NH_3 的毒性强，因此，氨氮的毒性主要指 NH_3。NH_3 与 NH_4^+ 的比例与 pH 密切相关。

笔者朱华通过西伯利亚鲟（体长为10厘米左右）对氨氮的急性毒性实验，得知非离子氨对西伯利亚鲟鱼苗的安全浓度为0.104毫克/升。

（五）pH

鲟鱼仔、幼鱼阶段对pH的变化非常敏感。对长时间内pH的逐渐变化可以接受，但每天其值的变化不能超过0.5；对短时间内pH的波动很难适应。因此，在苗种培育期间，尽量保持水环境的稳定。尤其对远途运输来的鱼苗，准备放苗的池水pH一定要调节到尽量接近随运输鱼苗来的水，然后再逐步过渡到正常养殖水的pH。最适pH为7.0～8.2，不要超过8.5。

污染水中各种物质的反作用非常明显，温度越高（生长范围内）水中各种有害物质的致畸作用越强。

鲟鱼养殖的其他水质指标可以参照我国《渔业水质标准》（GB 11607）。

三、流水培育鲟鱼苗种

（一）鱼池

鱼池一般分为玻璃钢水槽和水泥池两种。鲟鱼为底层活动鱼类，且鱼苗腹部皮肤娇嫩，易受伤，因此水泥池底、池壁必须十分光滑，一般都在池底和四周贴瓷砖，也可涂石蜡或用无毒塑料薄膜衬垫池底和池壁，水泥池壁也可以只用水泥压光。育苗池宜小，便于投饵、清底等日常管理，底面积以每个1～3米^{2}为宜。池形有圆形、八角形、长方形。培育体长为10厘米/尾以上鱼种的鱼池，每个鱼池面积可以为20米^{2}左右（彩图20、彩图21）。

（二）进水和排水系统

进水系统可以有两种方式：一是从鱼池上方通过笛子形注水管、喷头式注水管或单管注水等方式喷注水入池；另一种是从底部进水，圆形池和八角形池通过进水管斜向注入，使水在池中旋转，圆形和八角形池子排水建在池中央，池底由四周向中央稍有倾斜，残饵、死鱼等废物在水流作用下集中于排水孔周围，便于清理。长方形池则从底部较高一端进水，排水在池的另一端。用纱网将鱼和排水孔隔开。进水量可用阀门调节，以每分钟 20 升左右较好，以保证仔鱼不贴纱网和水质清新不缺氧为原则。为适应仔鱼阶段间歇性的垂直游泳，水深为 20～40 厘米，随着鱼长大，池水可逐渐加深，以便增大养鱼用水对代谢废物的缓冲能力。但为了便于管理，以不超过 1 米为宜。

（三）放养密度

流水培育仔鱼期放养密度为 2 000～3 000 尾/米^2，投喂 1 周后即可看到生长差异，在按大小分鱼的同时减小鱼密度，具体见表5－1。

表 5－1　流水培育鲟鱼苗种放养密度

鱼苗全长（毫米）	小于 30	30～50	50～80	80～100	100～150
体重（克）	小于 0.5	0.5～1.5	1.5～3.5	3.5～6.0	6.0～15
放养密度（尾/米^2）	1 000～2 000	600～1 000	300～600	200～300	100～200

（四）日常管理

① 每天测量水中溶氧量，若溶氧量低于 6 毫克/升，应加大水流量；但也不宜太大，以免鱼苗顶流，过分消耗体力。②鱼苗从开口到 1 个月内，每 2～3 小时投喂一次。以后逐渐减少投喂次数，具体操作参看投喂部分。③每次投喂前捞取剩料。④投喂 1 周后鱼苗生长差异显著，挑出弱小的苗另放，使养殖规格尽量整齐，防止自残。

四、开口饲料及投喂方法

（一）开口饲料

1. 生物饵料

鲟鱼在天然水域中主要摄食水生寡毛类、摇蚊幼虫、枝角类和桡足类。在池塘条件下，仔鱼的肠道内经常出现摇蚊幼虫和枝角类，偶尔出现桡足类，而池塘中大量存在的轮虫和浮游植物没有观察到，因此，人工培育中大多数用水蚯蚓和枝角类作为开口饵料。有些渔场也用价格较高的卤虫无节幼体投喂鲟鱼苗，效果较好。鲟鱼苗孵出后全长就达到1厘米左右，开口摄食时，全长为1.7～1.9厘米，比一般鱼苗大得多，相对口裂也大，而仔鱼对饵料的选择主要是对饵料个体大小的选择，因此，一般轮虫对于鲟鱼苗来说偏小。若是个体较大的轮虫，如晶囊轮虫，作为鲟鱼苗的开口饵料也可行。目前，大量培养晶囊轮虫的技术还没有完全掌握。

2. 人工配合饲料

饲料粒径的大小、质量和分布密度是影响仔鱼摄食的重要因子。饲料的质量直接影响仔鱼的发育和生长。例如，桡足类幼体和成体以及卤虫无节幼体被认为是海水鱼育苗获得最佳成活率的活饵料。但长期以来用卤虫幼体育苗失败的例子也有，其原因主要是活饵料中脂肪酸的结构不同。现在生产中采用投喂前一天进行营养强化，或用“绿水”培育，作为第二食物来源。用全人工配合饲料代替活饵料育苗，一来以避免生物饵料营养单一，二来可以杜绝生物饵料消毒不彻底带来的病菌或敌害生物。

（二）投喂方法

仔鱼初次摄食所要求的饲料（临界）密度是存活的关键之一。只有保证一定的饲料密度，才能使仔鱼和饲料相遇，引起仔鱼的摄食反应，并使摄食效率获得不断提高。摄食效率对于仔鱼建立外源摄食和存活至关重要。可以用成功捕到饲料对象的反应次数占完成的反应次数的百分比来表示。随仔鱼发育天数增加，特别是随着初次摄食成功，持续摄食效率会不断增高。这不但表明仔鱼摄食器官发育日益完善，也反映了有经验的仔鱼捕食本领要强于没有经验的初次捕食的仔鱼。因此，随仔鱼发育阶段不同，饲料密度也不同。初次摄食饲料密度大，建立摄食行为后，密度可减少一半左右。

生产中常采用的日投喂次数有 12 次、8 次、6 次，有的投喂次数更少，则效果不好。在人力允许的情况下，采用少量多次的投喂方法更好，甚至可以 24 小时连续投喂。

1. 投喂生物饵料

投喂生物饵料前用 2%的食盐水或 3%的土霉素（或其他广谱抗菌药粉）进行消毒。防止病菌带入。

国外培育俄罗斯鲟鱼苗每天投喂 2～3 次，白天为寡毛类，夜间为水蚤。待鱼苗长至体重为 70～80 毫克/尾时，寡毛类无须切碎投喂。培育小体鲟仔鱼每天投喂 3 次，08:00 和 14:00 各投喂一次寡毛类，在 16:00—17:00 投喂一次水蚤。待鱼苗增重至 280 毫克/尾以上时，可同时投喂卤虫和配合饲料。高首鲟鱼苗培育前期（出膜后第 5～20 天）用裸腹蚤等活饵料，后期饵料包括活体颤蚓属和海水虾类，40 天和 60 天后成活率分别为 75%和 60%。

国内报道的投喂方式有以下几种，育苗 1 个月后成活率均可达到 60%以上。

方法 1：首先用鲜活水蚤喂养 1～2 周，接着用切碎的水蚯蚓投喂，尽量做到少量多餐，由于鲟鱼有夜间摄食的习惯，因此在夜间投喂量可适当增大。鱼苗长到 1～3 克/尾时，驯化人工配合饲料。

方法 2：用卤虫无节幼体开口，投喂 1 周后，改喂水蚯蚓。若 1 个月内一直投喂卤虫无节幼体，存活率虽然较高，可达 95%，但由于卤虫无节幼体个体太小，鱼苗不易捕食，且营养单一，因此，后期生长速度较慢。

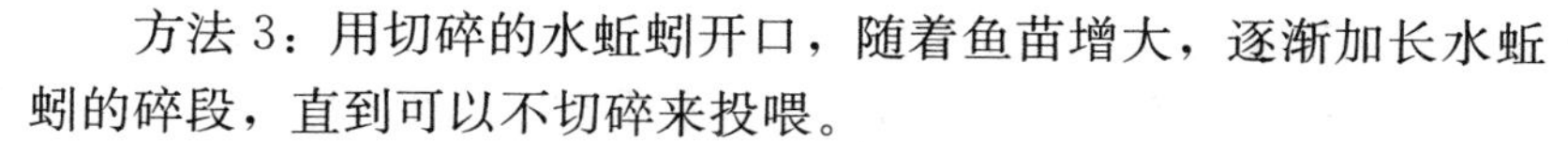

方法3：用切碎的水蚯蚓开口，随着鱼苗增大，逐渐加长水蚯蚓的碎段，直到可以不切碎来投喂。

方法4：各种生物饵料搭配，使鱼苗营养更全面。一般白天以水蚯蚓为主，搭配卤虫，夜间以水蚤为主。

2. 用人工配合饲料开口

用人工配合饲料投喂鲟鱼苗每2小时投喂一次，1周后投喂次数可减少。投喂时将饲料均匀泼洒入池，为使饲料在水中停留时间延长，并且鱼苗摄食时不必顶水，投喂时停止水循环半小时左右（依据水中溶氧量而定）。下次投喂前清除前次剩料，并依剩料多少适当增减投饲量。饲料粒径随鱼苗生长逐渐递增。用人工配合饲料进行西伯利亚鲟鱼苗培育，饲料粒径和投饲率见表5－2。

表5－2　西伯利亚鲟鱼苗种不同阶段投喂饲料的粒径及投饲率

苗种体重（克）	0.02～0.8	0.8～1.5	1.5～5	5～15
饲料的粒径（毫米）	0.08～0.3	0.3～0.5	0.5～1.0	1.0～1.5
投饲率（%）	20～30	15～20	15	10

（三）驯化方法

1. 驯化时间

国内实际生产中，对刚开口摄食的鲟鱼苗大多数采用活饵投喂。但由于活饵来源困难，因而价格较高。据报道，一般经过30天左右的喂养，鲟鱼苗体长达到3.8～9.4厘米/尾，体重0.5～3.9克/尾，开始驯食人工配合饲料。驯化太迟，会给驯化增加难度，延长驯化时间。鱼苗长到1克左右转食驯化效果最好。就驯化时机来讲，匙吻鲟与其他鲟鱼类有所不同，匙吻鲟为滤食性鱼类，靠鳃过滤浮游生物为食。笔者通过试验，发现匙吻鲟在规格为5～6厘米/尾进行转食驯化时，成活率仅为50%左右，10厘米/尾的转食驯化效果最好，成活率可以达到90%以上，这点与其他摄食习性不同的鲟鱼类有所区别。

驯化效果还与下列因素有关。

(1) 放养密度 在溶氧量和其他水质条件允许的情况下，较高的放养密度可增加鱼苗和饲料接触的机会，有利于驯化成功。放养密度可达400～500尾/米^2。水深控制在20～40厘米。

(2) 饲料的质量 鲟鱼嗅觉十分灵敏，对饲料气味有很强的记忆力。因此，配合饲料除了要满足鲟鱼的营养需求外，要添加一些用做开口饵料的活饵料做引诱剂，驯食效果更为理想。

2. 驯化方法

① 直接用颗粒饲料投喂，驯化时间短，一般需1～2周，但成活率较低。②活饵料和颗粒饲料交替投喂，驯化成活率可达40%～50%，但所需的时间较长，需5周以上。③饲料中加入一定比例的活饵料制成软颗粒饲料投喂，3周可完成驯化，成活率为50%以上。④用活饵料研浆浸泡干颗粒饲料，晾至半干后投喂，时间约需2周，成活率可超过75%。⑤活饵料和软颗粒饲料交替投喂，此法驯化成活率可达80%以上，驯化时间为3周左右。

第三节 商品鱼养殖技术

一、水环境要求

鲟鱼养殖对水环境要求较高，主要水质指标参考值见表5-3。

表5-3 鲟鱼养殖主要水质指标参考值

项目	参考值
溶解氧（毫克/升）	≥6.0
二氧化碳（毫克/升）	约10.0
pH（活性反应）	7～8
碱度（毫克/当量）	2.0
总硬度（毫克/当量）	2～3
氧化度（O_2）（毫克/升）	5～20

（续）

项目	参考值
亚硝酸盐氮（毫克/升）	<0.1
硝酸盐氮（毫克/升）	1.0
氨态氮（毫克/升）	<0.5
磷酸盐（P_2O_5）（毫克）	0.3
硫酸盐（毫克/升）	0.1
铅（毫克/升）	0.1
硫化氢（毫克/升）	0
游离氯（Cl）	0
总铁（毫克/升）	≤1

二、流水养殖

（一）鱼池条件

1. 池形

流水池有方形、长方形、八角形、圆形、椭圆形等多种形状，日本专家主张用长八角形或方八角形，他们认为这种形状好用，而且工程造价比圆池低。圆形池，形如漏斗，在底部中央排水排污，结构合理无死角，水流无分层现象，鱼在池中分布均匀，但造价高，占地多。长形池或正方形池施工方便，但有死角，排污不彻底。长八角或正八角形池，没有上述弊端，比较合理。长八角形池，长宽之比应小于2∶1。

2. 面积和池深

流水池以每个20～50米^{2}较好，大者每个80～150米^2。对于中央排水的鱼池，池中央深1.5米左右，池边深1.2米，水深1米左右，坡降5%～10%。对于一侧排水的鱼池，保持有效水深约为1米。

3. 进、排水系统

流水池应尽量做到交换量大而流速小，既有利于保持水质清新，溶解氧丰富，又不会因流速大而导致过大的能量消耗。

进水应从鱼池上部流入，排水孔应设在鱼池最低处，这样利于水的彻底交换。圆形池或方八角形池的进水口应设在鱼池上口相对的两边，方向要相反，能使池水顺时针或逆时针方向旋转。长八角形池要从一端进水，为降低流速，应加大进水口过水端的面积，进、出水口均要设拦鱼栅。

对圆形或方八角形池，出水口在中央，长八角形池出水口在进水口的对侧。为保持水位和排污，可采用以下两种方法：①在出水口处将两个圆筒套在一起，外筒下部有拦鱼网，可使池水由底部进入两筒中间，再由内筒上口进入内筒而排出。池中间是全池最低处，还应有一个小型集污坑（圆形），有利于排污。平时被冲起的悬浮物可以随排水溢出去，集污坑中残存的污物，每天定时提起内筒排掉。内筒需放置于排水管口上，排水管要粗，以便迅速排干池水。②在出水口上安放箅子，出水口下方要留集污坑，集污坑通过管道通向池外，在出口处安放立管，平时水从池底通过立管流出，定期将立管拔起，将集污坑内的污物排出。

为充分利用水源，可将几个鱼池通过管道或闸门串联起来，使前一个鱼池的底层水流入后一个鱼池。如果可能，可利用地势将鱼池建成梯级，使上一级的水逐级流入最后一级鱼池。此种方法的弊端是上一级鱼池的鱼得病容易传染给下一级鱼池的鱼。长方形池见彩图22，圆形池见彩图23。

（二）放养前准备

对新修建的水泥养鱼池，在使用前需要加水浸泡1～2天，之后将水全部放掉，加注新水；对于使用过的鱼池和养殖工具在放鱼前也要消毒，漂白粉或二氧化氯的用量为10克/米^3、高锰酸钾的用量为20克/米^3，浸泡时间为5～10小时，之后将池水放掉，重新加注新水。

（三）鱼种放养

由于水泥池面积相对较小，容易观察鱼的摄食和生长情况，因此可以投放小规格的鱼种。鱼种放养时要消毒，使用2%～3%的食盐浸泡5～10分钟。

不同规格鱼种的放养密度见表5-4。

表5-4　流水养殖时不同规格鱼种放养密度

鱼种规格（克/尾）	15～50	50～100	100～300	300～500	500～1 000
放养密度（尾/米^2）	100～150	50～100	30～50	15～30	10～15

（四）饲料投喂

饲料投喂要坚持“四定”原则。定时：每天在固定的时间投喂，每次投喂要坚持开始少量投喂，待鱼群聚集时再大量投喂。随着鱼体的长大，投喂次数逐步减少；定质：购买鲟鱼专用饲料，一般为沉性膨化饲料；定量：将计算好的每天投喂饲料的量平均分配到每次；定点：每次在固定的地点投喂，如果鱼池为圆形，投喂沿着池壁定点投喂，如果鱼池为长条形，一侧出水，则在远离出水口的鱼池前半部定点投喂。不同阶段投喂饲料的粒径、投饲率以及投喂次数见表5-5。

表5-5　不同阶段投喂饲料的粒径及投饲率

体重（克）	5～15	15～25	25～50	50～100	100～500	500～750
饲料的粒径（毫米）	1.0～1.5	1.5～2.0	2.5	3.5	4.5～6.0	6.0～7.0
投饲率（%）	10	8	5	2～5	1.5～2	1～1.5
投喂次数	6	4	4	4	4	4

（五）日常管理

（1）**水质监测**　流水池一般水质较好，流水能将污物及时带走，但仍有一部分会沉积在池底，如果大量积累会败坏水质，因此仍要坚持定期检测各种水质指标。

（2）**排污**　每天都要坚持排污2～3次，如果水质不好，应加大排污量。

（3）**水量的控制**　投放规格较小的鱼种时，水的流量也要小，随着鱼体的增长逐渐调整水流量。

（4）**分池和投饲**　定期抽样测量鱼体长、体重，及时分池和调整投饲量。

（5）**病害**　定期检查鱼病，及时采取措施。

三、简易工厂化养殖

简易工厂化养殖是相对于全封闭循环水工厂化养殖而言的一种养殖方式，其特点为利用简单的设施和设备，达到比普通池塘高产的目的。

（一）设施条件

1. 简易温室

简易温室一般有两种建造方式，一种为温室两侧各有高1～2米的砖混墙体，拱形的钢架做成屋顶，上覆阳光板或塑料薄膜。另一种为温室一侧砌有2～3米的砖混墙体，钢架从墙体的最高处成一定角度向另一侧倾斜直至接地，上覆塑料薄膜（彩图24）。

2. 鱼池

鱼池一般为水泥池。每个面积100～150米^2，池型为圆形、八角形或长方形（四个角成圆弧形）。池深为1米左右。中心排水，排水处有防逃篦子，从池子四周向池中心倾斜角度为10°～15°。

3. 仪器、设备

应配有增氧机（或鼓风机）、水泵等设备以及测定溶氧量、

pH、温度、氨氮以及亚硝酸等水质指标的仪器或快速检测试剂盒等。

（二）放养前准备

使用漂白粉或二氧化氯（用量为10克/米^3）对鱼池、工具等进行消毒，消毒后将池水放掉，重新加注新水。

（三）鱼种放养

一般放养15厘米以上的鲟鱼，放养密度见表5-6。

表5-6　简易工厂化养殖时不同规格鱼种放养密度

鱼种规格（克）	10～30	30～100	100～300	300～500	500～750
放养密度（尾/米^3）	100～150	50～100	40～50	20～40	15～20

鱼种入池前用2%～3%食盐水浸泡5～10分钟。

（四）饲料投喂

按照“四定”的原则投喂，一般在鱼池的一侧定点投喂，投喂30～60分钟后，用小抄网抄一下池底，根据剩料多少，调节下次的投喂量。一般每昼夜投喂4～6次。不同阶段投喂饲料的粒径、投饲率以及投喂次数同流水养殖模式。

（五）日常管理

①定期分池，一般每隔15～30天打样，将不同规格的鲟鱼分池饲养，并根据鱼的体重调整投饲量。②每天排污2～3次，重点时段是24:00和06:00。③放养初期水深可保持在0.5米左右，随着鱼体的长大、特别是在夏季气温较高时增加水深至1米左右。④夏季高温时需要在棚顶加盖遮阴网，避免池水温度上升太快以及藻类的过量繁殖。⑤每天监测水质2次以上，监测指标包括水温、

溶解氧、氨氮、亚硝酸盐氮和pH。⑥阴雨天气时，密切监测氨氮和亚硝酸盐，特别是遇到连续的阴天时，要加大氧气的供应量，并根据水质情况及时换水或采取其他措施维持良好的水质。⑦可以采取栽种水葫芦和设置生物浮床的方式，也可以采取定期泼洒微生态制剂的方法净化养殖水质。

四、池塘养殖

（一）鱼池条件

1. 土质和底质

修建鱼池的土质最好是壤土，其保水力适中，透气性好。沙壤土保水力较壤土差，但透气性好，可以建造池塘。黏土也可挖池塘，其保水力强，透气性差，在培养水质和操作管理上都不如壤土和沙壤土好。沙土保水力太差，不宜建造池塘。池底要平坦，淤泥厚度低于10厘米，有条件的可将池塘周围用水泥和石块砌成护坡。

2. 面积和深度

养鲟鱼池塘面积以1 333～6 667米^{2}为宜。放养小规格鱼种的池塘最好面积小一些，以水深1.0～1.5米，面积1 333～2 000米^{2}为宜；随着放养规格的增大，鱼池面积的水深也随之增加，养殖池塘一般面积以3 333～6 667米^2、水深1.5～2.0米较为合适。

（二）放养前准备

鱼种下塘前必须清塘，一般可用生石灰消毒。干法清塘（水深小于10厘米）每667米^{2}用60千克；带水清塘（水深1米），每667米^{2}用150千克。清塘10～15天后，用pH试纸测试，如pH小于8即可放鱼种。

（三）鱼种放养

鲟鱼一般为单养，为了调节池塘水质，可放入少量鲢、鳙来控制浮游生物，也可与匙吻鲟和其他鲟鱼混养，但一定不能将鲟鱼和鲤、鲫等鱼类混养，因为鲟鱼抢食能力远不如这些鱼类。

池塘养殖放养的鲟鱼种不宜太小，每尾重量应该尽可能大于100克，放养前应对鱼种浸泡消毒，一般可用2%～3%食盐水浸泡5～10分钟。不同规格鱼种的放养密度见表5-7。

表5-7 池塘养殖时不同规格鱼种的放养密度

鱼种规格（克/尾）	100	200	300	500
每667米^{2}放养数量（尾）	1 000	700	600	500

（四）饲料投喂

鱼种放入池塘后需要进行投饲驯化。具体做法为：在池塘四周设4个食台，食台可用夏花网四周穿竹竿制成，周围高出15厘米，面积为每个2米^2；食台沉在距池底0.2米水底，但可以方便地提出水面检查摄食情况。也可在池底修几个水泥平台，在平台上方投喂，投喂在光线较暗的早晚进行，可在投喂点架设100瓦的电灯以吸引鱼来摄食。投喂要坚持定时、定量。初期每次投喂的时间要长一些，投喂速度要慢，要经常检查食台有无剩料，并根据情况适当调整投饲量。正常投喂时，每次时间控制在0.5～1.0小时。

商品鱼养殖期，养殖不同规格鲟鱼的投饲率、饲料粒径和投喂次数同流水养殖部分。

（五）日常管理

（1）**巡塘** 每天早、中、晚巡视池塘3次，进行水温、溶氧量的测定，观察鱼的活动状况以及摄食情况，由于鲟鱼的窒息点高，西伯利亚鲟、施氏鲟、俄罗斯鲟和杂交鲟等一般主要在池塘底部活动，池塘缺氧时的反应也不如“四大家鱼”明显，即使在溶解氧不足时，也不会出现明显的浮头现象，因此一定要认真观察，特别是夏季高温和雷雨天气时要加强巡视，便于及时发现浮头，防止发生泛池。

有条件的渔场最好配备溶氧仪，以便准确掌握水中的溶氧量。

（2）水质调节 每天监测溶氧量，晴天每天下午开动增氧机1～2小时，当水中溶氧量低于4毫克/升时应及时换水；定期测氨态氮和亚硝酸态氮。如果浓度升高，及时采取换水或泼洒沸石粉以降低其浓度，也可定期泼洒微生态制剂、在鱼池上设置生物浮床（浮床面积为水面的5%～15%）；每天测定pH，如果池水pH偏低，可通过泼洒生石灰溶液来调节。

（3）打样和分池 每隔20～30天打样1次，测体长、体重，及时调整投饲量和分池。

（4）疾病预防 主要是预防肠炎。可以在6—9月，使用大蒜素粉末添加到饲料中，添加量为每100千克饲料加100克。每月投喂一次药饵，每个疗程为1周。

（5）高温期管理 由于鲟鱼属亚冷水性鱼类，生存温度一般不超过30～33℃，如果昼夜水温均长期维持在28℃以上，鲟鱼不仅摄食受到很大影响，同时会造成免疫力下降和生病等问题，养殖风险很大。因此在夏季高温期应及时采取降温措施，方法有：增加池水的深度；及时换水；加注温度低的水；鱼池上方设置遮阴网。

（6）越冬期管理 在我国北方地区存在鲟鱼的越冬问题。很多养殖户都担心鲟鱼的池塘越冬，根据多年来的实践经验，我们认为只要方法得当在北方鲟鱼能够安全越冬。

① 清塘：对专用于鲟鱼越冬的池塘，要提前半个月用生石灰进行清塘。②消毒：进行鲟鱼并塘时，操作要轻，尽量不要使鱼受伤。同时，在鲟鱼入池前要用2%的食盐水浸泡消毒5分钟。③强化培育：冬季水温低，鱼类的免疫力下降，加上长期不摄食，会逐渐消瘦，容易感染各种细菌。因此，在结冰前1个月，应进行强化培育，并在饲料中添加多种维生素，增强鱼的体质和抵御不良环境的能力。在结冰前只要水温不低于5℃，都应该坚持投喂。④鱼病检查：结冰以后很难进行鱼病的检查，为防止鱼带病越冬，在封冰前半个月要进行鱼病的检查和治疗。⑤注满池水：在鱼入越冬池前，把池水一次性注满，使越冬池保持高水位，一般水深2米。

⑥施肥培育浮游植物：鱼种在越冬封水前 10～15 天，先施用已发酵好的有机肥料，如牛、羊、猪、鸡等的粪肥，每 667 米^2 用量 100～150 千克，进行全池泼洒。⑦杀死池水中耗氧因子：在鱼池越冬封水前的 3～5 天，用 90%的晶体敌百虫（用量 0.5 克/米^3）溶化后全池泼洒，将鱼池中的大型浮游动物、水蜈蚣及其他敌害等全部杀灭，以减少鱼池在越冬期间的耗氧因子。⑧施肥：封冰后要定期施用无机肥料，如尿素、过磷酸钙或磷酸二铵，每 667 米^2 用量为：尿素 2 千克，过磷酸钙 2 千克，单用磷酸二铵 1.5 千克。将化肥溶化后从冰眼注入或随注水时流进，也可将化肥用易渗透的布袋吊在冰下，使其逐渐溶解。以补充越冬期间浮游植物生长所需的养分，从而产生足够的氧气。⑨扫雪、除尘：冰上积雪应及时清除，扫雪面积应占全池面积的 80%以上。冰面积尘过多时也应及时扫掉。冰层内含过多的杂质会造成冰层透光性下降，应及时将其破除。这样就能保证冰下有足够光照，有利于浮游植物的产氧。

五、网箱养殖

网箱养鱼是把自然条件优越的大型水体同小型集约化精养方法有效地结合的养殖方式。也就是说利用大水面的有利条件，使网箱中的水体能不断地得到更新，始终保持箱内丰富的溶解氧和清新的水质条件，通过科学的养殖、管理技术和投喂优质的配合饲料，从而获得高产、高效结果。可以在大水域中如水库、湖泊架设网箱养殖鲟鱼。网箱养殖见彩图 25。

（一）网箱设置地点的选择

网箱应该设置在水面开阔、水质清新、无污染的地方，但不能设在水库的主河道或大风口处，防止雨季山洪暴发夹带泥沙和漂浮物冲撞网箱造成损失。

一般要求网箱设置的水域水深超过 4 米，最好在 6～8 米。如果水过浅，网箱易拖底，影响水体交换，另外，从网箱掉落到库底的鱼粪便和剩料的有机质分解，会导致水质恶化，对箱内的鱼造成影响。

（二）网箱的结构和安装

网箱可以采用方木也可用无缝钢管或镀锌铁管做框架，每格为3米×3米×3米或4米×4米×3米的规格。用尼龙绳将塑料罐或泡沫浮子固定在框架下面做成鱼排，鱼排可做成9箱或16箱等规格。

网箱规格不宜过大，因为网箱太大时检查、维护比较困难，特别是当鲟鱼需要定期分选时网箱太大会造成操作不便。

网箱一般用聚乙烯网片缝合制成。网箱顶部要有盖网。网目依放养的鱼种规格而定。网箱底部应再覆盖一层密眼网布，以减少饲料的散失。网箱上部固定于鱼排上，底部四角用沙袋或其他重物作为沉子固定，然后用木桩或铁锚固定于选择好的水域。

（三）鱼种的放养

放鱼种前要用食盐水消毒，方法同池塘养殖。不同规格鱼种的放养密度见表5-8。

表5-8　网箱养鱼时不同规格鱼种的放养密度

鱼种规格（克/尾）	50	100	200	300
放养密度（尾/米^3）	50	40	30	20

（四）饲料的投喂

网箱养殖一般采用人工投喂，由于鲟鱼抢食不激烈，网箱养殖时驯化很重要，开始驯化时一定要有耐心，一把一把地投喂，速度要慢，一般要驯化3～5天。投喂时间可选在黎明和黄昏，可分为4次投喂。

商品鱼养殖期不同规格的鲟鱼投饲率及饲料粒径同池塘养殖。

（五）日常管理

①在养殖过程中，每天测量水温、溶解氧等水质指标。②经常观察鱼体生长状况，每半个月测量鱼体长、体重并做好记录。③及时调整投饲量，定期分箱。④定期检查鱼病，及时将死鱼捞出。⑤经常检查网箱有无破损，设施是否牢固。

（六）越冬

1. 越冬设备

要使用网目尺寸大于 3 厘米的网箱，以利于水的交换。如果是新网箱，在下水前要严格检查，看是否有脱扣、断线，或者是机械损伤的地方，如有应及时修好。沉箱用的绳子，一般是直径为10～12 毫米的聚乙烯绳，每个箱用 12～13 米，分成 8 根用。网箱底的四角和四个边的中间要拴上沉子。

2. 越冬前的饲养管理

为了保证成鱼体质健康，减少疾病的发生，提高越冬成活率，鲟鱼停食时间不能过早，应坚持到水温降到 5～6 ℃时再停食，同时要投喂药饵。

3. 越冬地点的选择

网箱越冬地点应选择在背风向阳的库湾，水深 8 米左右，溶解氧丰富，最好避开多年养殖水域。

4. 沉箱时间

沉箱时间不宜过早，时间过早，水的表层温度和下层温度温差大，如超过 5 ℃鱼容易生病。最好在表层水温为 4～7 ℃进行沉箱。如果养殖面积大，可以适当提早，必须要在水表面结薄冰前完成，以免因天太冷操作不方便，影响沉箱效果。

5. 沉箱方法

采用框架浮在水面（冰面）的箱体下沉方法较好，操作简单效果也好，具体操作方法：在网箱的 4 个角和 4 个边的中间各系一根直径为 10～12 毫米的聚乙烯绳，8 根绳子长度相等，按照计划下沉的深度平稳下沉，然后先将 4 个角的绳子绑在框架上，再绑 4 个边的绳子，或同时进行。总之，一定要保持网的平衡，千万不要倾斜。网箱底的四个角要加等重的沉子，使网箱张开即可。箱与箱之间的距离应保持 10～15 米。

6. 沉箱的深度

沉箱的深度根据各地冬季结冰的厚度而定。一般以网箱的上盖距离冰层 1～1.5 米为好。

7. 越冬管理

越冬期间要有专人管理，经常检查。沉箱后待水面封死，冰上能走人时，要像池塘养殖越冬管理一样在网箱口上打冰眼和扫雪。

第六章　鲟鱼病害防治技术

第一节　鱼病的发生、诊断与防治要点

鱼病是指当病因作用于鱼类机体后，引起鱼体的新陈代谢失调、组织器官发生病理变化以及鱼体的正常生命活动受到扰乱的现象。鱼类从外界环境中得到机体所需要的生活条件，若外界环境发生较大改变时，可引起鱼类发生疾病。由于鱼类疾病的发生不是孤立的单一因素作用的结果，而是外界条件和内在的机体自身的抗病力相互作用的结果。因此，了解鱼病的发生原因和条件，对鱼病的诊断与防治具有重要意义。

一、鱼病发生的原因和条件

影响鱼类生病的原因和条件有很多，归纳起来，主要有外界因素和自身因素两方面。

（一）外界因素

鱼类是变温动物，水体的各种理化因素对鱼类的生活、繁殖具有特殊的作用。其中水温、溶解氧、pH 以及水中的化学成分、有毒物质及其含量的变化等的多种因素是最常见的。

1. 水温

不同种类以及不同发育阶段的鱼，对水温有不同的要求。在适温范围内，水温变化的影响主要表现在鱼类呼吸频率和新陈代谢的改变。即使在适温范围内，如遇寒潮、暴雨、换水、转池等使水温发生巨大变化时，也会给鱼类带来不良影响，轻则发病，重则死亡。水温突变对幼鱼的影响更大，如初孵出的鱼苗只能适应±2 ℃

的温差，体长为 6 厘米左右的小鱼能适应±5 ℃范围的温差，超过这个范围就会发病或死亡。

2. 溶解氧

水中的溶解氧为鱼类生存所必需。一般情况下，溶氧量需在 4 毫克/升以上，鱼类才能正常生长。实践表明，溶氧量高，鱼类对饲料的利用率亦高。当溶氧量低于 2 毫克/升时，一般养殖鱼会因缺氧而浮头，长期浮头的鱼生长不良，还会引起下颌的畸变。若溶氧量低于 1 毫克/升时，鱼就会严重浮头，以致窒息死亡。但溶氧量亦不宜过高，水体中溶氧量达到过饱和时，就会产生游离氧，形成气泡上升，从而引发鱼苗、鱼种的气泡病。

3. pH

养鱼水体要求 pH 在 6.5～8.5，pH 过低和过高对鱼类都不利。pH 偏低，即在酸性的水环境下，细菌、大多数藻类和浮游动物发育受到影响，代谢物质循环强度下降，鱼虽可以生活，但生长缓慢，物质代谢降低，鱼类血液中的 pH 下降，其载氧能力下降，从而影响养殖鱼的产量。pH 过高的水会腐蚀鱼体的鳃和皮肤，影响鱼的新陈代谢，严重时可造成死亡。

4. 氨氮和亚硝酸盐

养殖水体中氨氮的主要来源是沉入池底的饲料、鱼排泄物、肥料和动植物死亡的遗骸等，氨氮浓度过高会影响鱼类的生长速度，甚至发生中毒并表现为与出血性败血症相似的症状，引起死亡。养殖水体中的亚硝酸盐主要来自于水环境的有机物分解的中间产物，当氧气充足时可转化为对鱼毒性较低的硝酸盐，当缺氧时转为毒性强的氨氮。亚硝酸盐对鱼类的危害主要是其能与鱼体血红蛋白结合成高铁血红素，由于血红蛋白的亚铁被氧化成高铁，失去与氧结合的能力，致使血液呈红褐色，随着鱼体血液中高铁血红蛋白的含量增加，血液颜色可以从红褐色转化呈巧克力色。由于高铁血红蛋白失去运载氧气的能力，鱼类可因缺氧而发生死亡。因此，一般情况下，养殖水体中亚硝酸盐浓度应控制在 0.1 毫克/升以下。

5. 水中化学成分和有毒物质

正常情况下，水中化学成分主要来自土壤和水流。钠、钾、钙、铁、镁、铝等常见元素和 SO_4^{2-}、NO_3^-、PO_3^{3-}、HCO_3^-、SiO_3^{2-} 等阴离子，是生物体生活、生长的必需成分；而汞、锌、铬等元素若含量超过一定限度，就会对鱼类产生毒性。一些有机农药和厂矿废水中，往往也含有某些有毒有害物质，一旦进入水体，会使渔业受到巨大损失。

6. 机械性损伤

在捕捞、运输和饲养过程中，常因使用的工具不合适或操作不慎而给鱼类带来不同程度的损伤，严重的还可造成鱼体肌肉深处的创伤，甚至继发感染水霉等真菌性病原。

7. 生物性病原感染

一般常见的鱼病，多数是由各种生物（包括病毒、细菌、真菌、寄生虫和藻类等）传染或侵袭鱼体而导致的。据统计，生产上由细菌性病原引起的鱼病最常见，且具有流行面积广、造成的损失大、传染速度快等特点，近年来新型细菌性病原引起的疾病也呈频发态势。

8. 其他原因

放养密度不当或混养比例不合理也可引起鱼类发病。放养过密，必然造成缺氧和饵料利用率低，从而引起鱼的生长快慢不均，大小悬殊。瘦小的鱼，也极易因此而发病死亡。在饲养管理方面，人工投饵不均，时投时停，时饱时饥，也是致使鱼类发病的原因。

（二）自身因素

鱼体是否生病，除了环境条件、病原数量及病原入侵途径以外，主要还取决于鱼体自身，即鱼体免疫力的强弱。在一定的外界条件下，鱼体对疾病具有不同的抗病力，例如青鱼、草鱼患出血病，同池的鲢、鳙从不发病。某种流行病的发生，在同一池塘中的同种类、同龄鱼，有的严重患病而死亡，有的轻度感染而后逐渐自行痊愈，而有的则根本不患病。鱼类的这种抗病能力是由机体本身的内在因素决定的，主要表现在抗体、补体、干扰素以及白细胞介素等理化因子的产生，白细胞的数量及鱼的种类、年龄、生活习性和健康状况等方面。因此，鱼病的发生，不是孤立的单一的因素，而是外界条件和内在的机体本身的抗病能力相互作用的结果，要综合加以认真分析，才能正确找准鱼病发生的原因。

二、鱼类疾病的诊断

（一）现场调查

对鱼类疾病进行诊断时，现场发病情况调查对疾病的准确诊断具有重要作用。现场调查主要有以下几方面的内容。

1. 调查发病环境

发病池塘环境包括周围环境和内环境。前者是指了解水源有没有污染和水质情况，池塘周围有哪些工厂，工厂排放的污（废）水含有哪些对鱼类有毒的物质，这些污（废）水是否经过处理后排放以及池塘周围的农田施药情况等。后者是指池塘水体环境、水的酸碱度、溶解氧、氨氮、亚硝酸盐和水的肥瘦变化等。周围环境和内环境都是造成鱼病发生的主要原因。因此，调查水源、水深、淤泥，加水及换水情况，观察水色早晚变化，池水是否有异味，测定池水的 pH、溶解氧、氨氮、亚硝酸盐、硫化氢等都是必不可少的工作。

2. 调查养殖史、既往病史与用药情况

新塘发生传染病的概率小，但发生弯体病的概率较大。药物清塘情况，包括使用药物的种类、剂量以及清塘后投放鱼种的时间，鱼种消毒的药物和方法；近几年的常发鱼病，它们对鱼的危害程度和所采取的治疗及其效果；本次发病鱼类的死亡数量、死亡种类、死亡速度、病鱼的活动状况等均应仔细了解清楚。

3. 调查饲养管理情况

鱼类发病常与管理不善有关，例如施肥量过大、商品饲料质量差、投喂过量等，都容易引起水质恶化，产生缺氧，严重影响鱼体健康，同时给病原以及水生昆虫和其他各种敌害的加速繁殖创造条件；反之，如果水质较劣，饲料不足，也会引起跑马病等疾病。投喂的饲料不新鲜或不按照“四定”（定量、定质、定时、定位）投喂，鱼类很容易患肠炎。由于运输、拉网和其他操作不小心，也很容易使鱼体受伤、鳞片脱落，使细菌和寄生虫等病原侵入伤口，引发多种鱼病，如赤皮病、水霉病等。因此，对施肥、投饲量、放养密度、规格和品种等都应详细了解。此外，对气候变化、敌害（水兽、水鸟、水生昆虫等）的发生情况也应同时进行了解。

（二）现场简易诊断

鱼类发病时，鱼体的头部、体表、鳍条、鳃以及内脏器官等部位都可能会伴有相应的症状。如果养殖户能够通过对这些症状的初步分析，再结合现场的简易诊断，是极其有利于疾病诊断的。在条件允许时，养殖户只要配备部分专业器械（如手术剪、手术刀、酒精灯等），即可对发病鱼进行现场的初步诊断。不同鱼种发病时的诊断以及不同类型的鱼病在诊断方法上是有区别的。

（三）实验室诊断

现场初步诊断后，对于某些需要进一步确诊的病例，在实验室条件下可遵照一定程序步骤对病例进行相关处理，然后通过对病原的分离鉴定、病理组织学诊断，或是通过免疫学和分子生物学诊断技术等方法进行确诊。

三、鱼病的防治

由于鱼类生活在水中，发病后，早期诊断困难。与此同时，治疗也比其他的陆生养殖动物的难度大很多，畜、禽等发病后可采取一系列的治疗方法和护理，如拌料内服、灌服、注射、隔离，甚至输液等，而对于鱼类则不能进行输液治疗，注射治疗不仅工作量大，而且因拉网等操作常使鱼体受伤；拌饵投喂法对食欲废绝的鱼无能为力，对于尚能吃食的病鱼，由于抢食能力差，往往也由于没有获得足够的药量而影响疗效；全池泼洒法和浸泡法在生产当中施药方便，但仅适用于小水体，对大水体如湖泊、水库等养殖方式难以施用。因此，养殖鱼类一旦发病，往往导致较为严重的损失，由此可见，坚持“无病先防，有病早治”的方针，在水产养殖业中显得更加重要。

（一）加强饲养管理

1. 彻底清池和网箱管理

清池包括清除池底淤泥和池塘消毒两个内容。育苗池、养成池、暂养池或越冬池在放养前都应清池。育苗池和越冬池一般都用水泥建成。新水泥池在使用前 1 个月左右就应灌满清洁的水，浸出水泥中的有毒物质，浸泡期间应隔几天换一次水，反复浸泡几次以后才能使用。已用过的水泥池，在再次使用前只要彻底洗刷，清除池底和池壁污物后，再用 1/1 000 左右的高锰酸钾或漂白粉精等含氯消毒剂溶液消毒，最后用清洁水冲洗，即可灌水使用。经过一个养殖周期的池塘，在底泥中沉积有大量残饵和粪便等有机物质，形成厚厚的一层黑色污泥，这些有机质腐烂分解后，不仅消耗溶解氧，产生氨、亚硝酸盐和硫化氢等有毒物质，而且成为许多种病原滋生基地，因此应当在养殖的空闲季节即冬季或春季将池水排干，将污泥尽可能地挖掉，放养前再用药物消毒。消毒时应在池底留有少量水，盖过池底即可，然后用漂白粉精，按 20～30 克/米^3，或漂白粉 50～80 克/米^3，溶于水中后均匀全池泼洒，过 1～2 天后灌入新水，再过 3～5 天即可放鱼。

使用网箱养殖时，在鱼种进箱前，网箱需提前下水安置，使网箱附上一定的藻类，这样网线就变得光滑，避免了鱼种刚进箱时对环境不适应而到处游窜，与网箱四周发生摩擦，造成鱼种损伤，导致水霉病的发生。同时使用高锰酸钾，一次量为每立方米水体10～20 克，浸泡 10～15 分钟进行消毒，降低寄生虫性病原和霉菌病原的滋生。养殖过程中，也要定期进行消毒，以杀灭附着在网箱上的藻类，避免过度生长的藻类堵塞了网眼从而影响水流交换。

2. 保持适宜的水深和优良的水质及水色

（1）水深的调节　在养殖的前期，因为养殖动物个体较小，水温较低，池水以浅些为好，有利于水温回升和饵料生物的生长繁殖。以后随着养殖动物个体长大和水温上升，应逐渐加深池水，到夏秋高温季节水深最好达 1.5 米以上。

（2）水色的调节　水色以淡黄色、浅褐色、黄绿色为好，这些水色一般以硅藻为主。淡绿色或绿色以绿藻为主，也还适宜。如果水色变为蓝绿、暗绿，则蓝藻较多；水色为红色可能是甲藻占优势；黑褐色，则表示溶解或悬浮的有机质过多，这些水色对养殖动物都不利。

（3）透明度的大小　主要说明浮游生物数量的多少，以 40～50 厘米为好。

（4）换水　换水是保持优良水质和水色的最好办法，但要适时适量才有利于鱼类的健康和生长。当水色优良，透明度适宜时，可暂不换水或少量换水。在水色不良或透明度很低，或养殖动物患病时，则应多换水、勤换水。

3. 放养健壮的种苗和适宜的密度

放养的种苗应体色正常，健壮活泼。放养密度应根据池塘条件、水质和饵料状况、饲养管理技术水平等，决定适当密度，切勿过密。

4. 饲料应质优适量

质优是指饲料及其原料绝对不能发霉变质，饲料的营养成分要全，特别不能缺乏各种维生素和矿物质。适量是指每天的投饲量要适宜，每天的投喂量要分多次投喂。

5. 改善生态环境

人为改善池塘中的生物群落，使之有利于水质的净化，增强养殖动物的抗病能力，抑制病原生物的生长繁殖。如在养殖水体中使用水质改良剂、益生菌、光合细菌等。

6. 细心操作

在对养殖鱼类捕捞、搬运及日常饲养管理过程中应细心操作，不使鱼类受伤，因为受伤的个体最容易感染细菌。

7. 防止病原传播

对于生病的和带有病原的鱼体要尽快捞起，并进行隔离；病死或无药可救的鱼，应及时捞出并深埋其他地方或销毁，切勿丢弃在池塘岸边或水源附近，以免被鸟兽或雨水带入养殖水体中。已发现有疾病的鱼体在治愈以前不应向外引种。在已发生鱼病的池塘或是网箱中用过的工具应当用适当浓度剂量的漂白粉、硫酸铜或高锰酸钾等溶液消毒，或在强烈的阳光下晒干，然后才能用于其他池塘或网箱。有条件的也可以在发生鱼病的池塘或网箱中设专用工具。

（二）抗病育种

种质是水产健康养殖的物质基础，亲鱼质量、苗种质量的好坏直接关系到水产养殖生产的成败，并在一定程度上关系到水产品质量的好坏。利用某些养殖品种或群体对某种疾病有先天性或获得性免疫力的原理，选择和培育抗病力强的苗种作为放养对象，可以达到防止该种疾病的目的。最简单的方法是从生病池塘中选择始终未受感染的或已被感染但很快痊愈的个体，进行培养并作为繁殖用的亲体，因为这些鱼类的本身及其后代一般都具有了免疫力。因此应加强鱼类的育种，做好良种场建设，定期引种，亲本更新，种质保护和种质改良，定向培育优良苗种，为商品鱼生产提供良种。随着生物技术的飞速发展，鱼类一些抗病基因也逐渐被人们发现，并已被成功地克隆出来。由此可推断，在未来通过基因重组技术获得抗病力、生长、繁殖性能等特性增强，而且体色、肉质、风味、体型等特性不变的优良新品种成为可能，这些新品种的推广必将为防治和减少我国鱼类疾病产生重要作用。

（三）环境修复

水环境是鱼类赖以生存的条件，也是病原微生物滋生的场所。水环境的好坏是决定鱼类是否能健康、快速生长和繁殖的根本条件。这就要求养殖者对鱼类的生理特点、生活习性、所需的生态环境条件及与其他生物种群之间的关系了解清楚，科学、合理布局养殖区，不能只出于经济利益上的考虑，盲目扩大放养密度。强化投饲、滥用药物不仅会破坏水体的生态平衡，也会严重影响水体的自净能力。应使用正确的方法如物理方法、化学方法或生物方法等来修复或养殖生态环境，创造适宜鱼类生存的良好生态条件，确保鱼类的健康生长。实践证明高密度放养会增加疾病发生的几率，故放养密度不宜过大。

（四）加强检疫和监测

检疫是对养殖水产动物的病害采取预防、控制或消灭的一项重要对策及措施。同时检疫作为一种贸易的技术壁垒，是对产品质量的认可，是健康食品的保证，我国水产品要进入国外市场，必须通过提高产品的质量以达到符合国际食品的卫生标准这一关键环节来实现。随着我国鱼类养殖规模的迅速扩大，部分鱼类亲本从国外引进，地区间亲本和苗种等跨区域交换日益频繁，若不加强疾病的检疫和监测，可能会导致新病的感染传播，因此在鱼病防疫管理上首先要做好的是严格检疫。

（五）免疫预防

1. 免疫增强剂

许多实验表明，在饲料中添加一些免疫增强剂可以明显提高鱼类的免疫力和抗病力，如酵母多糖、黄芪多糖等都是常用的免疫增强剂。另外一些植物多糖保健剂能有效地提高鱼体免疫力、增强鱼体抵抗力、提高鱼体成活率，对鱼类败血症、细菌性出血症、腹水症等细菌性疾病在内的多种疾病具有较好的防御作用，有效减少感染发病和促进健康生长。

2. 疫苗

药物在疾病的防控中发挥着重要作用，但由于其残留、耐药性等负面效应的影响，已逐步阻碍了水产养殖业持续发展，因此免疫预防疾病就显得尤为重要。从医学角度上讲，对传染性疾病的预防应以免疫疫苗效果最佳，特别是对药物难以防治的病毒病和菌株易产生耐药性的细菌病。从20世纪40年代至今，国内外广大的专家学者通过鱼体的免疫实验，也不断地向人们证实有效的疫苗免疫不但可以保护鱼的健康，也可以避免由于使用药物而带来的药物残留和导致病原菌产生耐药性等问题。目前已有多种疫苗在使用，如草鱼出血病、嗜水气单胞菌病和弧菌病等疫苗。近年来，一些单位正在利用生物技术研制基因工程疫苗，并根据水生动物的特点，从免疫途径和免疫增强剂等方面进行研究，并已取得初步进展。

（六）药物防治

当前除了通过免疫方法防治疾病外，使用药物防治鱼类疾病仍然是不可缺少的途径。可选用的药物有化学药物、中草药和微生态制剂等，可以根据不同的疾病情况和防治目的灵活选用和配合使用。但应注意对症下药，杜绝经验用药、滥用药物，禁止使用禁用药物（如氯霉素、呋喃唑酮、孔雀石绿、硝酸亚汞等），抗生素使用后应严格执行休药期，避免水产动物体内残留的药物对人体造成危害。近年来，我国某些淡水鱼类品种由于苗种品质退化，病害频发使得药物使用泛滥，从而导致药物残留超标，出口受阻，内销比例逐渐增大，影响了行业的健康稳定发展。

1. 化学药

化学药有外用药物（消毒药和杀虫药）和内服药物，外用消毒药和杀虫药主要进行水体和鱼体消毒，杀死水环境中和鱼体表的病原菌和寄生虫，尤其是对于无鳞鱼而言，在选择外用消毒药时应有所区别，应选择刺激小的药物（如二氧化氯）。通过药物敏感性试验，合理选用内服抗菌药物是决定药物防治细菌性疾病成败的关键。笔者近年来对分离到的病原菌进行了大量的药物敏感性实验，证实包括萘啶酸、氟哌酸、氧氟沙星、庆大霉素、丁胺卡那霉素和强力霉素、氟苯尼考等药物对鱼类大多数细菌性病原都是比较敏感的。

2. 中草药

中草药属于天然药物，在长期的应用和研究中，我国已经积累了丰富的经验。利用中草药来防治鱼类疾病越来越受到人们的重视。概括地说，中草药防治疾病具有以下几个优点：①药效稳定、持久，而且对水体、鱼体等的副作用较小；②作用广泛，不但对鱼类的细菌感染有效，而且对驱杀寄生虫和某些病毒感染也有效，同时副作用小；③无耐药性，无公害。但长期以来使用传统方法制作的中草药含量低，疗效差，因而在生产上未得到很好的推广应用。目前，应用现代技术开发天然药物是一个发展方向，例如采用超微粉碎等技术制备微米、纳米中药；对中草药进行化学提取，追踪有效成分等新技术的运用，将大大增强中草药对于防治鱼类疾病所发挥的作用。

（七）渔药使用原则

应严格遵循国家和有关部门的有关规定，严禁生产、销售和使用未经取得许可证、批准文号与没有生产执行标准的渔药。养殖者在购买渔药时一定要看清有无以上证件，千万不要购买“三无”渔药。

1. 规范用药，健全档案

生产者应养成购买鱼药时索要处方的习惯，建立健全养殖池塘档案，尤其是对药物使用情况及其效果应作详细的记录。建立起水产养殖用药的可追溯制度。严格执行农业部制定的禁用渔药清单，杜绝使用禁用药物。

2. 正确诊断病因，合理选用药物

严格掌握药物的适应性和理化特性。正确的诊断是成功治疗的首要条件，应根据症状和病原来准确确定病因，正确诊断后根据药物的适应来选择药物，并采用合理的投药方法。同时应注意药物发挥疗效需要一定的时间，不能指望用药的当天就能迅速见效，有时在用药后的一两天有死亡增加的现象，如果药物的剂量是在安全的范围之内，则可能是由于药物把动物体内的病原菌杀死后促使细菌细胞同时释放出内毒素，造成动物的急性中毒死亡。这种情况一般3～4天后死亡率即会下降；否则应考虑药物剂量过大。

3. 使用药物宜早不宜迟

发病动物一般最早出现的症状是食欲丧失，因而也就不能摄食药饵，口服药物对发病的动物不起作用，不易治好。而投用的药物对当时尚未发病的动物起了预防性的保护作用，所以对养殖水产品来说真正的治疗是很少的，故水产养殖上更显出预防重于治疗的重要性。动物发病后如果治疗太迟，发病率会迅速增加，给治疗带来困难。

4. 内服外用药物结合使用

两种给药方式具有不同的作用。对于细菌性疾病无论是体表感染还是全身感染都应内服和外用相结合；对于体表寄生虫感染，一般只需使用外用药物即可，但有时采用内服给药也可奏效。

5. 提倡生态综合防治

使用免疫增强剂、微生态制剂、生物渔药、中草药免疫增强剂通过作用于非特异性免疫因子来提高水产动物的抗病能力，并减少使用抗生素等化学药物带来的负面影响，因此比化学药物安全性高，比疫苗应用范围广，如低聚糖、壳聚糖磺酸酯、几丁质等富含多糖、生物碱、有机酸等，能显著提高水生动物的免疫功能。微生态制剂安全、低毒、有效，已经引起水产养殖者的重视，如反硝化聚磷菌。生物渔药是通过某些生物的生理特点或生态习性，吞噬病原或抑制病原生长，如目前已从自然环境中筛选到一些能对海水弧菌、淡水气单胞菌等致病菌具有较强裂解作用的蛭弧菌，一周后能使致病菌浓度下降4～5个数量级。中草药具有来源广泛、使用方便、价廉效优、毒副作用小、无抗性、不易形成渔药残留等特点，在疾病预防中具有广阔的应用前景。

6. 严禁使用的药物

农业部《无公害食品　渔用药物使用准则》（NY 5071）规定：严禁使用高毒、高残留或具有“三致”（致癌、致畸、致突变）毒性的渔药。严禁使用对水环境有严重破坏而又难以修复的渔药，严禁直接将新近开发的人用新药作为渔药的主要或次要成分。使用时必须按照上述准则的规定执行，少用或不用抗生素类药，严格执行《无公害食品　渔用药物使用准则（NY 5071）》，切忌随意加大药物用量，以免造成养殖品种出现药物中毒甚至集中死亡。

近几年来，农业部兽医主管部门已经先后将甲基吡啶磷、地虫硫磷、林丹、毒杀酚、滴滴涕、硝酸亚汞、五氯酚钠、杀虫脒、孔雀石绿、磺胺脒、呋喃唑酮、氯霉素、环丙沙星、甲基睾丸酮和锥虫胂胺等药物列入了水产养殖禁用药物目录，在水产养殖生产中是不能使用的。被禁用的渔药中有许多都是以前常用的当家药物，比如孔雀石绿、磺胺噻唑等以及在饲料中添加的乙烯雌酚和甲基睾丸酮，现在均不得使用。

7. 渔药的休药期

休药期是指最后停止给药日到水产品作为食品上市出售的最短时间。渔用药物进入水产动物体内之后，均会出现一个逐渐衰减的过程。因为水产用兽药的种类、使用药物时的环境水温和水产饲养动物的种类不同，药物在水产动物体内代谢过程所需的时间长短也有所不同。因此，为了保证水产品消费者的安全，避免水产动物体内残留的药物对消费者健康的影响，每种水产用兽药都有其相应的休药期。养殖者对所饲养的水产动物使用药物后，绝对不能将休药期尚未结束的水产养殖动物起捕上市。几种常用渔药的休药期：漂白粉休药期 5 天以上；二氯异氰尿酸、二氧化氯休药期各为 10 天以上；土霉素、磺胺甲噁唑休药期各 30 天以上；磺胺间甲氧嘧啶休药期 37 天以上；氟本尼考休药期 7 天以上。

随着人们环保意识的增强和对生活质量要求的提高，在水产养殖过程中，提倡健康养殖，积极开展对渔药的毒性、药效及药残等全方位的考察和研究，为各种药物的有效性、适用性及安全性提供可靠的数据，规范渔药市场，指导养殖户安全用药，科学制定休药期，从而保障水产品质量安全。把饵料与营养、病害控制、种苗、养殖技术、管理技术在养殖环境中有机地结合起来，形成一个健康的、可持续发展的水产养殖业。

（八）微生态制剂

微生态制剂的使用极大地丰富了我国水产动物疾病的防治技术，在净化水质、改善水体环境、提高鱼体免疫力、抑制有害菌群的生长等方面有独特的作用，而且价格低、生产工艺简单，使用方便，无污染，深受养殖户欢迎。其中蛭弧菌对水体中的细菌有很强的清除作用，能净化养殖水体的病菌污染。噬菌蛭弧菌是寄生于其他细菌的一类细菌，它能使其他细菌发生裂解，消灭细菌从而起到防病的目的。噬菌蛭弧菌在自然界分布很广，从自然水域、污水及土壤中均可分离到。由于噬菌蛭弧菌能裂解多种细菌以及特殊的生活方式而使之具有生态学优势，故被认为是自然净化生物因子之一。自 1962 年噬菌蛭弧菌被 Stolp 和 Petzold 首次发现以来，在畜牧业和卫生等领域应用噬菌蛭弧菌进行疾病的生物防治研究取得了很多成果。除了蛭弧菌可以对鱼类传染性疾病起到防治作用外，还可以利用光合细菌、芽孢杆菌等增氧、降低氨氮或使用生物絮凝剂净化水质等，起到预防疾病的作用。

第二节　鲟鱼寄生虫疾病的防治

一、车轮虫病

（1）**病原**　车轮虫。

（2）**症状**　少量车轮虫寄生时，病鱼无明显症状；当有大量车轮虫寄生时，病鲟行动迟缓，寄生处黏液增多，身体瘦弱，食欲不振，病情严重者可造成鲟鱼苗种大量死亡。

（3）**病因**　车轮虫病主要危害鲟鱼苗种。当虫体在鱼体和鳃上大量寄生时，直接影响鱼的生长，造成鱼体衰弱，破坏鳃组织，严重影响呼吸，游动迟缓，肠无食，严重者造成苗种大量死亡。

（4）**防治方法**　有学者曾报道，将中华鲟病鱼用 50 克/升的食盐水浸浴 1 小时左右转到流水池中饲养，病情可以好转而治愈。另有学者曾用 15%～25% 浓度的福尔马林去除匙吻鲟鱼体和鳃耙上寄生的车轮虫。切忌使用硫酸铜。

二、斜管虫病

（1）**病原**　斜管虫。

（2）**症状**　病鱼体表与鳃部黏液增多，烦躁不安，体表呈蓝灰色薄膜状，口腔及眼中黑色素增多。

（3）**病因**　当虫体大量寄生在鱼体、口腔、鳃部时，会引起鱼体不适。

（4）**防治方法**　目前尚无有效治疗方法，主要采取的措施是将病鱼转入流水池中饲养，死亡率可降低到 4% 以下。

三、小瓜虫病

（1）**病原**　小瓜虫。

（2）**症状**　当鱼体感染小瓜虫后，活力降低，食欲减退，发病初期体表可见少量白点，随着病情的加重，病鱼躯干、鳍、鳃、口腔等多处均布满白色小点，体表似覆盖一层白色薄膜，严重时斑点呈片状。在显微镜下观察时可发现白色小点呈脓疱状，覆盖有白色的黏膜层。

（3）**病因**　因小瓜虫侵袭鱼体的皮肤和鳃部组织，以鱼体组织细胞为营养，引起鱼体组织坏死，阻碍呼吸，最终导致死亡。

（4）**防治方法**　目前尚无有效治疗药物。用浓度为30～50 毫升/米^{3}的福尔马林溶液浸泡有一定疗效，可根据鱼体的情况，调整浸泡时间。在浸泡时注意及时清除养殖容器中的杂物，并避免养殖容器有裂缝，用药后及时排除底部水，加入新水。也可以在苗种培育期间提高水温到 25 ℃以上，最好是 28～30 ℃加以控制，效果较好。

第三节　鲟鱼细菌性疾病的防治

随着鲟鱼养殖集约化程度越来越高，养殖密度逐渐增大，水质环境日益恶化，一旦发病就会迅速在个体间传染，以致在很短时间里发生大规模的群体疾病，药物治疗较难控制。做好鲟鱼疾病的预防，是控制鲟鱼疾病的首要工作。

一、细菌性肠炎病

（1）**病原** 肠型点状气单胞菌。

（2）**症状** 发病初期，病鱼体表无明显症状。外观病鱼行动缓慢，摄食少，腹部膨胀，肛门红肿。轻压腹部，有淡黄色混杂红色黏液从肛门流出。解剖发现肠道充血发炎呈紫红色，肠壁弹性较差，肠道内无食物，内有大量黄色黏液。

（3）**病因** 该病从体长为3厘米的仔鱼到商品鱼都有发生，是鲟鱼养殖过程中的常见病，主要原因是天然饵料清洗不净，外界水环境发生改变，养殖过程中投饵量过大。

（4）**防治方法** ①口服土霉素、大蒜素等抗菌药饵，土霉素用量为每千克饲料3～5克，疗程3～7天；大蒜素用量为每千克饲料2～3克，疗程5～7天。②用2%～3%的食盐水浸泡0.5小时。③大蒜素：口服，每千克体重每天40～80毫克，1次投喂，连用3～5天。④恩诺沙星：口服，每千克体重每天20～40毫克，分2次投喂，连用3～5天。⑤氟苯尼考：口服，每千克体重每天7～15毫克，分2次投喂，连用3～5天。

二、细菌性败血症

（1）**病原** 嗜水气单胞菌、豚鼠气单胞菌或类志贺邻单胞菌。

（2）**症状** 患病鱼体表局部有出血点，腹部肿胀，肝脏有出血点，肾脏坏死，肠系膜和性腺充血、出血，腹腔内充满大量的积水。病鱼体色发白，腹部膨大水肿，腹骨板充血，鳍条出血，肛门红肿，常有黄色或血色黏液流出。病鱼少数下潜困难，死鱼多数仰卧或侧卧，部分漂浮水面。肝细胞发生了空泡变性、慢性炎症，最后导致肝细胞坏死，肾小管出现坏死，为炎症的早中期变化，心脏的主要病变是心肌坏死、心内膜炎（彩图26、彩图27）。

（3）病因 鲟鱼养殖中放养密度过大，流水养殖当中水流量过小，水质交换不充分，或者饲料质量不好，造成鱼体免疫力下降，这些情况都能导致鲟鱼感染此病。

（4）防治方法 ①配制中药药饵，茵陈3克，板蓝根2克，鱼腥草2克，穿心莲2克，大黄2克，煎汁后拌料1千克，连用10天。②用3毫克/升二氧化氯浸洗1小时，连用3天。③借助于一定经验判断，有目的地取病灶组织液，涂布或画线于选择性培养基上，经1～2天培养断定病原菌，继而进行药敏实验，选择对该病敏感的抗生素进行治疗。④用50毫升/米^{3}的甲醛浸泡2～3小时。⑤氟苯尼考：口服，每千克体重每天7～15毫克，分2次投喂，连用3～5天。⑥强力霉素：口服，每千克体重每天30～50毫克，分2次投喂，连用3～5天。

三、弧菌病

（1）病原 弧菌，具体种类不详。

（2）症状 发病初期体表有淤点、淤斑、不规则红斑，多见于腹部及尾部。严重时吻端充血、鳍基充血发红，尾柄肌肉腐烂，形成出血性溃疡。肝、脾、肾、肠均充血，肝脏肿大呈土黄色，肠道内有淡黄色溶液。镜检病灶处组织可见微弯曲的细菌。

（3）病因 鲟鱼养殖密度大，水环境条件较差，水中的溶解氧不足。

（4）防治方法 ①用3克/米^{3}的苦参粉末药浴0.5小时，内服沙星类抗菌药饵，每千克饲料添加2～4克，疗程为3～7天。②用浓度为50毫升/米^{3}的甲醛浸泡2～3小时。③用3毫克/米^{3}的聚维酮碘浸泡0.5小时。

四、细菌性烂鳃病

（1）病原 柱状屈挠杆菌、嗜冷黄杆菌等。

（2）症状 病鱼行动迟缓，体色较淡，离群独游，鳃上黏液增多，鳃丝红肿，鳃的某些部位因局部缺血呈淡红色或白色，严重时，鳃小片坏死脱落，鳃丝末端缺损。

（3）病因 鳃组织坏死导致缺氧死亡。

（4）防治方法 ①对病鱼池用浓度为25～30毫升/米^{3}的福尔马林浸泡2～3小时，连用2天。②口服土霉素配制的抗菌药饵，土霉素用量为每千克饲料3～5克，疗程为5～7天。③恩诺沙星：口服，每千克体重每天20～40毫克，分2次投喂，连用3～5天。④氟哌酸（诺氟沙星）：口服，每千克体重每天20～50毫克，分2次投喂，连用3～5天。

五、链球菌病

（1）病原 无乳链球菌。

（2）症状 患病鱼腹部发黄，鳃盖基部至胸鳍前段发红、有出血症状，肛门红肿。解剖发现后肠后段发红无食物，肝脏发红，出血；肾脏坏死，有腹水。症状表现见彩图28、彩图29。

（3）病因 此病主要危害鲟鱼的幼鱼和成鱼。养殖密度过大，或者水质急剧变化，或者水质恶化时，特别易发生无乳链球菌感染。

（4）防治方法 ①氟苯尼考：口服，每千克体重每天7～15毫克，分2次投喂，连用3～5天。②新生霉素：口服，每千克体重每天50毫克，分2次投喂，连用3～5天。

六、大肚子病

（1）病原 推测可能为消化不良或产气菌引起。

（2）症状 病鱼体色正常，腹部膨胀，腹部向上浮在水面游动；解剖时有的胃有少量食物，有的胃里没有，肠道有少量粪便或没有，胃和肠道均充满气体。患病鱼腹部膨胀，腹部骨板出血；解剖观察，腹腔充满黄色的腹水，腹水清澈，胃和肠道均无食物，肝脏、脾脏等组织出现萎缩。症状表现见彩图30、彩图31。

（3）病因 从鲟鱼幼鱼到经越冬后的鲟鱼成鱼均会发病。如果能进食，有些能恢复正常，严重的不久就会死亡。

（4）防治方法 目前尚无有效治疗方法。

七、肾病

（1）**病原**　尚未确定病原，推测可能为细菌感染。

（2）**症状**　患病鱼体色正常，肛门红肿；解剖观察，肝脏、性腺、肠系膜等组织有点状出血；肠道红肿；肾脏腹膜下有白色结节，小米粒大小（彩图32）。

（3）**病因**　水质环境较差时易发病。

（4）**防治方法**　①氟苯尼考：口服，每千克体重每天7～15毫克，分2次投喂，连用3～5天。②强力霉素（多西环素）：口服，每千克体重每天30～50毫克，分2次投喂，连用3～5天。

第四节　其他疾病的防治

一、应激性出血病

（1）**病原**　不详。

（2）**症状**　该病发病前鱼无明显症状，活动正常，但当外界环境发生剧烈变化时，如水温突变，水质突然变坏，长途运输等，鲟鱼全身快速充血和出血，造成大量死亡。发病时鲟鱼的鳃盖、鳃丝明显地充血、出血，腹骨板和背骨板充血明显。

（3）**病因**　由环境因子的剧烈变化引发。

（4）**防治方法**　要以防为主，防治结合。在防病治病过程中，坚持不使用违禁药物，尽量使用中草药和绿色生物制剂，认真执行停药期的有关规定。在养殖过程中，饲料中定期添加维生素和免疫增强剂投喂，从而提高机体免疫力。

二、卵霉病

（1）**病原**　由水霉属和绵霉属等水生真菌引起，常见的有丝水霉、鞭毛绵霉等。

（2）**症状**　鲟卵表面长有黄白色毛样絮状物，严重时鱼卵在水中像一个个圆球。

(3) 病因 水质恶化、流动性差、低温时易发此病，特别是在人工孵化过程中。

(4) 防治方法 保持水质良好，提高受精率，及时剔除死卵。可用1～3毫克/升的亚甲基蓝溶液浸洗鲟鱼卵15～30分钟，可有效控制病情发展。

三、水霉病

(1) 病原 由水霉属的水生真菌引起。

(2) 症状 多在鲟鱼体表、吻端、鳃盖处寄生白色或黄色的丝状物。

(3) 病因 主要是鱼体受伤导致继发感染水霉。一般在春夏之交，水温13～18℃。因此在鲟鱼捕捞、搬运和放养的过程中要仔细小心，尽量避免鱼体受伤。

(4) 防治方法 可采用1∶1配比的食盐和碳酸氢钠混合溶液对操作后的鱼体进行消毒，可预防此病的发生，或者是提高池水水温也能预防此病。

四、气泡病

(1) 病原 不明确，可能是产气菌引起。

(2) 症状 病鱼游动缓慢，无力，上浮水面，贴池边游动。严重者在口前两侧的两条沟裂内，肉眼可看到里面有呈线形排列的许多气泡。在显微镜下检查时，鱼鳃发白，鳃丝间黏液增多，有许多小气泡，鳃丝完整，肝较白，胃内有食物，肠内有食物、黄色黏液和气泡，外观无其他症状，如同失血而死；有的则表现为整个头部充血，口的四周红肿，口不能闭合。此病的危害性很大。

(3) 病因 饲养水体中的微气泡过多，尤其是氮气和氧气过饱和（在10毫升/升以上），使鱼的肠道、鳃、肌肉等组织内形成微气泡，小气泡又汇集成大气泡。

(4) 防治方法 改善水质条件，消除水中的过饱和气体，并辅以药饵治疗。

五、肝性脑病

（1）**病原** 不详。

（2）**症状** 发病鱼体色、体表均正常，无明显病症，偶尔鱼的头部前端和吻部前端的腹面表皮脱落，背部呈粉红色。患病鱼初期有活跃现象，散游或独游，食欲下降；后期则处于昏迷状态，停食，而后陆续死亡。解剖发现肝脏呈紫色、褐色、灰色，肚糜烂，胆囊正常，肠内无食物，肾脏、脾脏和心脏正常。病鱼的脑组织坏死，糜烂。

（3）**病因** 此病多发于鲟鱼苗种阶段，鱼体重在15～20克、体长为15～20厘米时。发病原因可能是饲料中的添加剂有毒。

（4）**防治方法** 在饲料中添加乳果酸或乳梨醇有较好的治疗效果。对于尚不严重的鱼病，可在饲料中添加对鱼肝损害不严重的抗生素，如新霉素、卡那霉素、万古霉素等。

六、心外膜脓肿

（1）**病原** 不详。

（2）**症状** 鱼的体色正常，体表除心脏部位外无其他症状，肝脏的外形略显肿大，其颜色因个体大小而有不同程度的淤血点影响，个体较大者呈黑色，个体小的则为红色或局部出现灰红色。心脏外表呈不规则凹凸瘤状，腹面由白到红，动脉球红色。个体较大的鱼体心脏前端为灰色，后部为紫红色；稍小的个体心房肿大。患病鱼体前肠空，后肠食物较多。肠壁、肾脏、鳃、脾、脑等器官外观无异常。病鱼患病初期食量下降，散游或独游，后期则游动缓慢，停食以致死亡。

（3）**防治方法** 因病原不清，目前尚无有效治疗方法。主要的预防措施是投喂人工养殖的水蚯蚓或者饲料中添加药物。

七、黑体病

（1）**病原** 不详。

（2）**症状** 病鱼身体发黑，瘦弱无力，腹部瘦小。解剖可见胃内无食物，肠道半透明，内部充满淡黄色黏液。

（3）**病因** 代谢不正常或营养不良所致。此病主要发生在体长规格为8～12厘米的幼鱼阶段，危害不大。

（4）**防治方法** 改善水质条件，采用流水养殖方式；或将病鱼移至另一个池内，改投线虫或营养较好的饲料。

第七章　鲟鱼加工与综合利用

第一节　我国鲟鱼加工产业与发展趋势

鲟鱼全身皆宝，可开发成多种食品及保健品。鲟鱼肉质鲜美，富含不饱和脂肪酸，可加工为生鱼片、熏制及罐装产品，包括冷冻食品和休闲食品等（图7－1、图7－2）。鲟鱼子素有“黑珍珠”之称，是顶级滋补佳品；鲟鱼软骨富含硫酸软骨素，具有调节免疫、抗炎、抗癌等保健效果。鲟鱼皮坚韧、美观，可制成高档皮革。目前国外的鲟鱼产品有生鱼片、熏制鱼片、肉松、肉肠、黑鱼子酱、皮制胶、鲟鱼软骨素。相比之下，由于鲟鱼在我国绝大部分地区并非传统的食用鱼类，消费者对鲟鱼认知度不高，加工企业对于鲟鱼制品开发受到技术水平和资金投入等条件的限制，进展十分缓慢。虽然我国已有一些鲟鱼加工产品面市，但总体看来，规模不大，技术含量较低，加工深度不足，安全监督体系不完善。未来，有计划、有组织地开展鲟鱼加工产业的研究，将会有力带动上下游产业，使鲟鱼养殖产业在未来的养殖行业中能够健康、稳定、可持续发展。

图7－1　鲟鱼冷冻产品

图7－2　鲟鱼休闲食品

第二节　鱼肉加工与综合利用

一、鱼糜制品

鱼糜制品是历史悠久的传统食品，如在我国久负盛名的福州鱼丸、台湾的贡丸和鱼面、江西的燕皮、山东等地的鱼肉饺子等。鱼糜制品营养价值高，携带、食用方便，可以根据消费者的喜好，进行不同口味调配，形状也可任意选择，产品形状、外观、滋味与原料鱼截然不同，美味可口、风味独特，受到广大消费者的普遍欢迎。

（一）鲟鱼鱼丸的加工工艺

原料鱼（鲟鱼）→去头去内脏→洗涤→采肉→漂洗→脱水→精滤。

冷冻鲟鱼鱼糜→解冻→擂溃或斩拌→成型→凝胶化→加热→冷却→包装→贮藏。

（二）制作要点

1. 原料鱼（鲟鱼）

原料鱼的品种和鲜度对鱼丸品质起着决定性作用，一般选用鲜活的鱼或具有较高鲜度的冰鲜鱼，淡水鱼以鲜活作为基本要求，因此制作中应选择鲜活的鲟鱼。

2. 预处理

对于鲜活的鲟鱼，最好用清水先暂养3～4小时，让其排出内脏中的污物。还需洗涤除去表面附着的杂质和细菌，然后去皮、去头、去内脏，再用清水洗净腹腔内残余内脏或血污等。

3. 采肉

一般用采肉机进行。采肉机一般不能一次性把鱼肉采干净，可进行第二次采肉，称二道肉，二道肉色泽较深，碎骨较多，因此两次采得的鱼肉不宜混合，应分别存放。生产冷冻鱼糜必须使用第一次采得的鱼肉，第二次采得的鱼肉一般作为油炸制品的原料。

4. 漂洗

用水或盐水对从采肉机采下的鱼肉进行清洗，可以除去鱼肉中水溶性蛋白质、色素、气味物质、脂肪和无机盐类等杂质，提高产品的弹性和白度。

5. 脱水

经漂洗后，由于鱼肉中加入了大量的漂洗水，必须进行脱水。鱼糜脱水后水分含量控制在80%左右。

6. 精滤

用精滤机除去残留在鱼肉中的细碎鱼肉、碎骨头、结缔组织等杂质。

7. 擂溃

此工序是由擂溃机或斩拌机来完成的，是鱼丸生产过程中很关键的工序，直接影响到鱼丸的质量。在擂溃的过程中，同时进行调味混合。擂溃后的温度应不超过10℃，所以擂溃之前鲜鱼糜一般都要预冷到温度3℃以下，采取冻鱼糜原料至半解冻而达到要求。

8. 成型

经配料、擂溃后的鱼糜，具有很强的黏性和一定的可塑性，可根据各品种的要求，加工成各种各样的形状。特别注意：成型操作与擂溃操作应连续进行，两者之间不能间隔时间过长，否则擂溃后的鱼糜在室温下放置会因凝胶化而失去黏性和塑性，无法成型。

9. 凝胶化

鱼糜在成型之后加热之前，一般需要在低温下放置一段时间，以增加鱼丸的弹性和保水性，这一过程叫凝胶化。

10. 加热

可采用蒸、煮、焙、烤、炸或组合的方式进行加热。

11. 冷却

鱼丸加热后均应快速冷却，可分别采用水冷或风冷等措施快速降温。大部分采用冷水中急速冷却，使其锁住加热时吸收的水分。

12. 包装

包装前的鱼丸应凉透，按照有关质量标准检验鱼丸质量，然后按规定分装于塑料袋中，封口。

13. 冷藏

包装好的鱼丸保存应低于 5 ℃以下，长期贮存应冷藏或采用罐藏。

(三) 鲟鱼鱼丸的质量评定

1. 外观

先检查包装袋是否完整、有无破损，再剪开包装袋检查袋内产品形状、个体大小是否完整和饱满，再检查色泽。

2. 理化试验

对鲟鱼鱼丸的弹性等进行测定。

3. 安全卫生指标

安全卫生指标和检测方法可参考表 7－1。

表 7－1 鲟鱼鱼丸安全卫生指标和检测方法

项目	指标	检测方法
汞（以 Hg 计）（毫克/千克）	≤1.0（贝类及肉食性鱼类） ≤0.5（其他水产品）	按 GB/T 5009.17 的规定执行
砷（以 As 计）（毫克/千克）	≤0.5（淡水鱼）	按 GB/T 5009.11 的规定执行
铅（以 Pb 计）（毫克/千克）	≤1.0（软体动物） ≤0.5（其他水产品）	按 GB/T 5009.12 的规定执行
镉（以 Cd 计）（毫克/千克）	≤1.0（以软体动物） ≤0.5（甲壳类） ≤0.1（鱼类）	按 GB/T 5009.15 的规定执行
菌落总数（cfu/克）	$\leq 5.0\times10^4$	按 GB/T 4789.2 的规定执行
大肠杆菌［（MPN/（100 克）］	≤30	按 GB/T 4789.3 的规定执行
沙门氏菌	不得测出	按 GB/T 4789.4 的规定执行
金黄色葡萄球菌	不得测出	按 GB/T 4789.10 的规定执行

二、风味鱼片

风味鱼片是用生鲜鱼为原料，经处理、调味、烘烤、碾压拉松而制成的鱼类加工产品。具有制造工艺简单、营养丰富、风味独特、携带和食用方便的特点。

（一）风味鱼片加工工艺

原料鱼（鲟鱼）→三去（去鳞、去头、去内脏）→开片→检片→漂洗→沥水→调味→渗透→摊片→烘干→揭片→烘烤→碾压拉松→检验→称量→包装→成品。

（二）操作要点

1. 原料的选用

鲟鱼新鲜度直接影响到风味鱼片的质量，因此应选用新鲜或冷冻鲟鱼为原料。

2. 原料处理

去头、去鳃、开腹、去内脏，然后用毛刷洗刷腹腔，去除血污等。

3. 开片

开片刀用扁薄狭长的尖刀，一般从头肩部下刀，连皮开下薄片，沿着脊排骨刺上层开片（腹部肉不切开），肉片厚2毫米。

4. 检片

将开片时带有的鱼骨、黑膜、杂质等检出，保持鱼片清洁。

5. 漂洗及沥水

鲟鱼片中含血较多，必须用循环水反复漂洗干净，洗净血污，漂洗的鱼片洁白有光，肉质较好，然后捞出沥水。

6. 调味及渗透

调味液的配方有：水100克，白糖78～80克，精盐20～25克，料酒20～25克，味精15～20克。配制好调味液后，将漂洗沥水后的鱼片放入调味液中腌渍，以鱼片100千克加入调味液 15 升为宜。调味液腌渍渗透时间为 30～60 分钟，并常翻拌，调味温度为 15 ℃左右，不得高于 20 ℃，要使调味液充分均匀渗透。

7. 摊片

将调味腌渍后的鱼片摊在无毒的尼龙网上，摆放时，片与片的间距要紧密，片张要整齐抹平，使鱼片成型平整美观。

8. 烘干

采用烘道热风干燥。烘干时鱼片温度以不高于 35 ℃为宜，烘至半小时将其移到烘道外，停放 2 小时，使鱼片内部水分自然向外扩散后再移入烘道中干燥至规定要求。

9. 揭片

将烘干的鱼片从网上揭下来，即得生鱼片。

10. 烘烤

将生鱼片的鱼皮部朝下摊放在烘烤机传送带上，经 1～2 分钟烘烤即可，温度 180 ℃左右。

11. 碾压拉松

烘烤后的鱼片经碾压机碾压拉松即得熟鱼片。

12. 检验至包装成品

拉松后的调味鲟鱼干用人工揭片，再称量包装。

（三）鲟鱼风味鱼片的质量要求

1. 感官指标

色泽要求黄白色，边沿允许略带焦黄色。鱼片形态要平整，片性基本完好。组织要求肉质疏松，有嚼劲，无僵片，滋味要鲜美，具有烤鱼片的特有香味，无异味，鱼片不允许有杂质。

2. 水分含量

水分要求控制在 17%～22%。

3. 指标

致病菌不得检出。

三、发酵制品

传统发酵鱼制品历史悠久，种类丰富，它的口味、形态和制作工艺多种多样，这主要与地理位置和产出的鱼类品种有关。这些发酵制品大多沿用传统自然发酵方法，依靠自然界和原料自身携带或偶染的微生物在适宜的温、湿度条件下发酵而成，是一个多种微生物竞争、消长的过程。这些微生物包括乳酸菌、葡萄球菌、酵母和霉菌。乳酸菌可以在发酵过程中利用鱼肉中的碳水化合物产生大量的有机酸，迅速降低 pH，同时还能产生过氧化氢、细菌素等具有抑菌活性的物质，从而抑制腐败菌和病原微生物的生长。葡萄球菌和微球菌具有降解蛋白质、脂肪及分泌过氧化氢酶的能力，能促进产品色泽和风味的改善。酵母或霉菌则可大量消耗氧气，抑制腐败菌及致病菌的生长繁殖，还能改善产品风味和外形。然而有些微生物的生长代谢是对人体有害的，会使发酵食品有“腐败”的气味。不过由于长期的饮食习惯，人们已经爱上了这些味道，特定的腐败风味也成了美味的象征。发酵过程除了微生物的作用，鱼肉中的酶也起到重要作用，如蛋白酶、脂肪酶。传统发酵鱼制品风味独特，自然醇厚，但其发酵风味差异性较大，发酵时间长，发酵过程的控制以经验为主，产品质量不稳定，因此这些产品难以实现工业化和规模化生产。

现代发酵鱼制品采用纯的发酵剂接种发酵，这些发酵剂可以是一种或多种微生物混合制成。这些微生物不会产生对人体有害的物质，有些还具有益生特性。因此通过纯发酵剂生产的发酵鱼，安全性会更高。另外，发酵剂的生长特性很稳定，这样发酵过程得到了控制，产品理化和感官品质相对稳定，满足了现代化规模化生产的要求。

（一）鲟鱼发酵肠的加工工艺

原料肉的预处理→绞碎→腌制→擂溃→接种→灌肠→发酵。

（二）鲟鱼发酵肠加工的操作要点

1. 预处理

选择生长情况接近，体型类似的新鲜鲟鱼，宰杀后，去头、皮、内脏，采用手工采肉方式，剔除鱼骨和鱼刺，用凉水将鱼肉清洗干净，不能残留血污及红肉。

2. 绞碎

将取下的白肉用绞肉机绞碎成糜状。

3. 斩拌腌制及擂溃

向腌制好的鱼肉中添加2%糖、2%盐，搅拌均匀后，擂溃5分钟，至鱼糜具有一定的黏弹性。

4. 接种

将种子液按1%比例接种到擂溃后的肉糜中，接种后每克鱼糜中含有10^7cfu的数量级的发酵菌。应用于发酵鱼类制品的纯种发酵剂还处于研究初期，未能形成独立的发酵剂体系。现今使用的发酵剂多数是从传统发酵鱼制品中分类所得，或者以肉类的发酵剂作为基础，进行筛选和应用。这些发酵剂主要有三类：细菌、酵母菌、霉菌，其中细菌主要为乳酸菌属、微球菌属和葡萄球菌属。

用单一发酵剂发酵香肠一般很难得到理想的产品，混合发酵剂则可以弥补单一发酵剂的种种缺陷，提升产品的风味及感官品质。目前应用较为广泛的发酵剂是乳酸菌与葡萄球菌或微球菌的混合发酵剂，所得产品质量较好。笔者李平兰等研究证明，在鲟鱼发酵香肠加工过程中，以3种菌（植物乳杆菌、戊糖片球菌和木糖葡萄球菌比例为1∶1∶1）的混合菌液作为发酵剂，接种量为10^6cfu/克，就可在24小时之内将pH降至5.0以下，产品完全达到了质量要求并很好地控制了腐败菌的生长。

5. 灌肠

将接种发酵剂的鱼糜搅拌均匀后灌装于肠衣中，鱼糜松紧度适宜，鱼肠直径约为2.5厘米，排出肠内空气，用细线扎紧肠衣两端。

6. 发酵

将灌装好的鱼肠放在 30 ℃的恒温培养箱中发酵 48 小时。

7. 发酵鱼肠的卫生指标

发酵鲟鱼肠的卫生指标见表 7-2。

表 7-2　发酵鲟鱼肠的卫生指标

水分（%）	粗蛋白（%）	粗脂肪（%）	灰分（%）	TVBN［毫克/(100 克)］	TBARS（10^{-2}毫克/克）	pH	发酵剂（ln cfu/g）	肠科菌（ln cfu/g）
65～75	≥16	≤10	2.5±0.2	≤25	≤2.00	4.4～4.8	≥8.0	≤2

8. 发酵鲟鱼肠的感官指标

要求发酵鱼肠色泽白且光泽鲜亮，肉质坚实有弹性，气味芳香，酸度适中，肠衣紧贴，表面干爽，感官评分不低于 4 分。发酵鲟鱼肠产品见彩图 33，感官评价标准见表 7-3。

表 7-3　发酵鲟鱼肠感官评价标准

指标	极好(5 分)	好(4 分)	较好(3 分)	一般(2 分)	差(1 分)
色泽（20%）	切面色泽白，均匀，光泽鲜亮	切面色泽白，较均匀，光泽较好	切面色泽略发黄，不均匀，光泽较好	切面色泽暗黄，不均匀，光泽暗淡	切面色泽暗黄，不均匀，无光泽
风味（30%）	气味正常，芳香，酸度适中	气味正常，香味淡，酸味适中	气味正常，无芳香，酸味适中	气味正常，无芳香，酸味重	有异味，酸味重
外观（20%）	肠衣紧贴肉肠，表面干爽	肠衣紧贴肉肠，表面湿润	肠衣紧贴肉肠，表面少量出水	肠衣与肉肠贴合不紧密，表面少量出水	肠衣与肉肠贴合不紧密，表面出水多
质地（30%）	组织状态致密，肉肠坚实，有弹性	组织状态较致密，肉肠较坚实，有弹性	组织状态较致密，肉肠较坚实，弹性差	组织状态松散，肉肠不坚实，弹性差	组织状态差，肉肠不坚实，无弹性

四、烟熏制品

将原料经采肉、漂洗、腌制、干燥、烟熏加工制成的产品被称之为烟熏制品。烟熏技术作为保藏鱼肉的方法已经应用了数百年，带有芳香成分的熏烟慢慢渗透到高蛋白质的食品中，赋予食品特有的颜色和香味，并具有抑制微生物生长和抗氧化的作用。很久以来，烟熏香味受到世界各地人们的喜爱，俄罗斯和北欧市场是烟熏水产品的主要消费地区，每年从世界各国进口大量烟熏产品。烟熏香味已成为人类所需要的重要味道之一，如香味浓郁的烟熏三文鱼在国际市场上受到一致追捧。

（一）烟熏鲟鱼片的加工工艺

原料鱼（鲟鱼）→宰杀→去骨去皮→漂洗→腌制调味→预干燥→烟熏→干燥→包装→杀菌→贮藏。

（二）烟熏鲟鱼片的操作要点

1. 原料鱼（鲟鱼）

选择鱼体重量在2.5千克/尾以上、一级鲜度、国家允许经营利用的鲟鱼品种。最好要选用刚捕获新鲜鱼或存放一定时间后新鲜度较好的原料鱼，要求鱼体完整，气味、色泽正常。

2. 预处理

首先洗净附着在鲟鱼体表的杂质和黏液，然后去皮、去头、去内脏，从背部开剖切成两片，要求每片大小基本一致，重量为100克左右，再用清水洗净腹腔内残余内脏或血污等。

3. 漂洗

最好用流水进行漂洗，夏季高温时可用3%～5%的淡食盐水来漂洗，可以加快脱血速度和缩短漂洗时间。

4. 腌制调味

采用7%食盐水湿腌1小时，鱼肉∶食盐水＝1∶1。调味参考配方：水100克、草果8克、八角15克、桂皮12克、小茴香

10 克、花椒 8 克、肉蔻 10 克、千里香 5 克、砂仁 7 克、良姜 6 克、丁香 4 克、胡椒 5 克、蒜粉 10 克。

5. 预干燥

预干燥可以使鱼片在烟熏前表面干燥程度一致，并促进产品发色。干燥的温度一般设定为 50～80 ℃。

6. 烟熏

选用含树脂较少的阔叶树硬木，如苹果木、杉木、杨木等锯屑为熏材。烟熏方法根据处理温度可分为冷熏、温熏、热熏。冷熏的温度范围为 15～25 ℃；温熏的温度范围为 30～50 ℃；热熏的温度范围为 50～80 ℃；80 ℃以上的称为烘熏。

7. 干燥

干燥可以固定色泽，并使产品的水分含量控制在一定范围，增加产品的耐贮藏性。通常产品干燥后水分含量为 53%～55%。

8. 包装及贮存

熏制好的鱼片，经真空包装后，在 0～4 ℃环境低温贮存（彩图 34）。

（三）烟熏鲟鱼片的质量评定

1. 感官指标

色泽：肉色金黄，带有明显的熏制色泽特征。

组织与形态：鱼肉完整，软硬适度。

风味：熏制后具有香辛料与鱼腥味混合特有的风味，无异味。

杂质：不允许存在。

2. 理化指标

固形物含量：≥90%。

氯化钠含量：1.5%～2.5%。

重金属含量：锡（以 Sn 计）≤200 毫克/千克；铜（以 Cu 计）≤5 毫克/千克；铅（以 Pb 计）<1 毫克/千克；砷（以 As 计）≤0.5 毫克/千克；汞（以 Hg 计）≤0.3 毫克/千克。

3. 微生物指标

无致病菌或由微生物引起的腐败现象。

第三节　鱼骨加工与综合利用

一、鲟鱼骨

鲟鱼头和脊都是软骨。软骨主要由蛋白质和硫酸软骨素组成。其中蛋白质的必需氨基酸与非必需氨基酸的比值（45.0%）很适合婴幼儿食用。鲟鱼软骨中支链氨基酸（缬氨酸、异亮氨酸、亮氨酸）含量高，芳香氨基酸（色氨酸、苯丙氨酸、酪氨酸）含量低。肝病患者氨基酸代谢异常，血浆支链氨基酸含量降低和芳香氨基酸含量升高，利用鲟鱼软骨支链氨基酸含量高的特点，可用于治疗肝病。

鲟鱼头骨和脊骨均含有大量的矿物质，鲟鱼头骨和脊骨的钙含量都很丰富，是补充人体钙质的理想来源。人体必需的微量元素铁、硒、锰、锌和铜也有一定的含量，其中锌（512～516 毫克/千克）、铁（512～518 毫克/千克）等微量元素较高。

（一）鲟鱼骨制品加工工艺

原料处理→浸水除杂→削骨整形→漂白漂洗→干燥→包装贮藏。

（二）鲟鱼骨制品操作要点

1. 原料处理

采用新鲜或冷藏的鲟鱼，经剖杀后取鱼头和脊椎骨，投入蒸汽柜蒸 15～30 分钟，待鱼头上的硬骨能脱开为止。然后捞出投入冷水中，取出头软骨和脊椎骨，清洗干净。

2. 浸水除杂

此工序共分三步：首先浸泡 2～3 昼夜，每天换水一次；其次取出软骨放入 60～80 ℃热水中，用月片刀刮去骨上残肉、黏膜，再放入冷水中浸泡脱臭；最后，隔一昼夜后进行第二次热烫，水温以 60～70 ℃为宜，进一步清除骨上残渣、黏膜，用清水洗干净。

3. 削骨整形

待原料骨表皮稍干不滑时，逐条用月片刀把骨表皮上灰质硬壳削除，整形切成长 10～20 厘米、宽 2～4 厘米的条块。

4. 漂白漂洗

将切好的软骨浸入过氧化氢溶液中，1 份 40%的过氧化氢加入 15 份清水，浸泡 15～20 分钟后捞出用流动清水漂洗 30～60 分钟。

5. 干燥

将半成品放在干净的竹帘上，置于通风处晾晒干，或放入烘房中烘干，烘房室的温度不得超过 60 ℃，成品水分含量控制在 12%以下。

6. 包装

包装时先刷去表面灰尘，然后进行规格质量分级，将同一规格级别的软骨分别称重定量包装。

（三）质量标准

骨面完整，块形一致，坚硬壮实，色泽洁白，半透明为一级品，其余为统货。

二、鲟鱼硫酸软骨素

硫酸软骨素（CS）是一种酸性黏多糖，具有多种药用功效。有文献报道，硫酸软骨素有治疗关节炎、保护软骨、促进骨骼形成、增强机体免疫、调脂、降脂和抗动脉粥样硬化、抗凝血、保护和修复神经元、调节血管生成、抗癌、治疗冠心病等作用。

（一）鲟鱼硫酸软骨素的提取与纯化工艺

1. 硫酸软骨素的提取

（1）**中性盐法** 利用该方法提取的产品较白，各项指标都符合国家标准，不会造成环境污染，但是产率较低，会消耗大量的原材料，对经济效益有一定的影响。

（2）**碱提取法** 碱提取法是利用碱性条件下使硫酸软骨素与蛋

白质分离而被提取的方法，包括浓碱提取、稀碱提取、稀碱稀盐提取、稀碱浓盐提取 4 种工艺路线。

（3）**酶提取法** 酶提取法是利用蛋白酶水解达到除蛋白的效果，使硫酸软骨素从中分离出来的提取工艺。工艺中推荐用酶为高倍胰酶、碱性蛋白酶、胃蛋白酶、木瓜蛋白酶、菠萝蛋白酶或无花果蛋白酶等专一性较低的粗酶，因为它们可以分解种类较多的蛋白，而且成本较低，适于工业化生产使用。

（4）**其他方法** 超声波辅助法是利用超声波与物料发生共振产生空化作用形成空穴，提高硫酸软骨素得率的方法。乙酸水溶液提取硫酸软骨素，该工艺成本较低、流程简单，可以作为大规模生产的工艺选择，但是目前在国内还没有利用这种工艺生产硫酸软骨素的厂家。

2. 硫酸软骨素的纯化

常用的分离方法有乙醇沉淀法、层析柱法、离子交换色谱法、超滤膜过滤法、电泳法和季铵盐络合法等。

3. 硫酸软骨素产品的质量评定

目前，硫酸软骨素产品质量分析包括对其含量、水分含量、含氮量、澄清度和蛋白质含量等指标的分析。其中硫酸软骨素含量的测定最为复杂，对其方法的研究也最多，而其他指标分析的方法则较单一，如水分含量采用干燥法，蛋白质含量测定采用考马斯亮蓝法，澄清度采用紫外分光光度计，含氮量测定中普遍采用的是凯氏定氮法。已商业化鲨鱼硫酸软骨素产品质量指标见表 7-4，鲟鱼硫酸软骨素产品见彩图 35。

表 7-4 鲨鱼硫酸软骨素产品质量指标

项目	指标
葡萄糖醛酸含量（%）	35
蛋白质含量（%）	1.78
水分含量（%）	2
澄清度（50 克/升的溶液）	0.050
pH（50 克/升的溶液）	7.0

第四节　鱼卵加工与综合利用

一、鲟鱼卵及鱼子酱制品

鲟鱼鱼子酱是由鲟鱼卵腌渍而成（彩图36），富含人体必需的各种氨基酸和高不饱和脂肪酸（EPA、DHA）、无机盐、维生素A、B族维生素和维生素D以及钙、铜、镁、铁和硒等微量元素。鱼子酱与鹅肝、松露并称为“世界三大美食”，素有“黑色黄金”之称，营养价值极高。目前，鲟鱼鱼子酱养殖产量主要来自意大利、法国、美国、德国和中国5个国家。由于市场的刚性需求和野生资源的持续下降，养殖鲟鱼鱼子酱逐渐取代了野生鲟鱼鱼子酱，占据了世界鱼子酱贸易市场的主导地位。《濒危野生动植物种国际贸易公约》（CITES）资料显示，2006—2012年期间，养殖鲟鱼鱼子酱累计产量最大的国家为意大利（174.87吨），其次为美国（134.07吨）；我国从2006年开始形成养殖鲟鱼鱼子酱产量，近年来人工养殖鲟鱼鱼子酱的产量稳步增长，到2012年，鲟鱼鱼子酱养殖产量已位居世界第二位。欧盟国家、美国已成为最大的鲟鱼鱼子酱进口国。我国出口的鲟鱼鱼子酱主要种类有施氏鲟、达氏鳇、俄罗斯鲟、西伯利亚鲟和杂交鲟等，其中出口量最大的为施氏鲟鱼子酱。

二、鲟鱼鱼子酱产品加工工艺

（一）鲟鱼鱼子酱

1. 加工工艺

选鱼暂养→杀鱼沥血→取卵→漂洗沥干→腌制→低温脱水→灭菌→检验→冷冻贮藏。

2. 操作要点

（1）选鱼暂养　选择无明显外伤、无疾病、无畸形，性腺成熟的雌鲟鱼放入专池中暂养1～2个月，水温控制在12～15℃，暂养期间无需投喂饲料。

（2）**杀鱼沥血**　猛击鲟鱼头部，使鱼快速死亡，然后抬高鲟鱼尾，使鱼头朝下，用刀割切腮动脉进行快速放血。

（3）**取卵**　将沥血完毕的鲟鱼迅速转移至解剖间，放在干净的平台上，用生理盐水冲净余血，再用消毒后的手术刀划开鱼腹，割透肌肉，取出两侧的卵巢，然后将卵巢分几次通过一个不锈钢铁丝网或其他网眼材料，轻轻揉搓，使鱼卵通过网眼，相连的组织则留在上面。

（4）**漂洗沥干**　将通过网眼的鱼卵立即用生理盐水反复漂洗干净，并用小镊子将漂浮在水中的细小脂肪或性腺捡出，直至水质清澈，再将鱼卵倒在过滤筛上沥干。

（5）**腌制**　在鱼卵的腌制过程中，加盐主要是防止鱼卵腐败变质和调味。

（6）**低温脱水**　腌制的鲟鱼鱼子酱放在大托盘内冷藏，并及时吸走大托盘内的积水，将鱼子酱中的水分挤出来。

（7）**检验**　脱水完成后，新制的鲟鱼鱼子酱用保温泡沫箱送至检验部门检验。

（8）**成品冷冻贮藏**　进行巴氏灭菌，并且加入防腐剂后密封保存。

（二）冷冻鱼子

获取鱼子后（工艺同上：选鱼暂养→杀鱼沥血→取卵→漂洗沥干），采用简单前处理，于－18 ℃冷冻保存的鱼子，称为冷冻鱼子。冷冻鱼子主要以保持鱼子的原有风味为主，解冻后作为调味料或配料用于烹饪。

（三）调味鱼子酱

调味鱼子酱是指鱼子经过腌制、发酵、调味、调色等工艺得到的产品。

加工流程：原料酱加入→辅料（芝麻、花生面、番茄酱、鱼子）加入→混合调配→蒸煮→冷却→灌装→杀菌→冷却→检验→包装入库。

第五节 鱼皮加工与综合利用

一、鲟鱼皮制品

鲟鱼皮占鲜鱼总质量的 5%～7%。鲟鱼皮富含蛋白质、微量元素和人体必需氨基酸，是具有丰富营养价值的蛋白质源。目前鲟鱼皮已用于生产高品质的蛋白粉、氨基酸螯合液及胶原蛋白以及冷冻调理食品[以农产、畜禽、水产品等为主要原料，经前处理及配制加工后，采用速冻工艺，并在冻结状态下（产品中心温度在－18 ℃以下）贮存、运输和销售的包装食品]。另外鲟鱼皮也可制成高档皮革，具有独特的外观和天然花纹，人工难以模仿。

二、鲟鱼皮制品加工工艺

（一）鱼皮冷冻调理食品

1. 加工工艺

原料处理→清洗→沥水→脱腥→烫漂→切块→添加调味料→浸泡→称重、包装→灭菌→成品检测→低温贮藏。

2. 操作要点

（1）**原料处理** 将鱼皮边上残留的鱼鳞、鱼肉刮掉，鱼皮表面的黏液洗净，再置于阴凉处沥水。同时进行脱腥处理，将沥干的鱼皮浸泡在具有脱腥效果的混合溶液中 15 分钟，根据不同配比得出最佳的脱腥方案。

（2）**烫漂** 将经过脱腥处理的鱼皮用流水漂洗，然后放入 90 ℃水中浸泡 30 秒钟捞出。

（3）**调味包装** 经过调味工艺的优化试验，筛选出最佳调味料配方，将各种调味料配方混合，放入装有鱼皮的高压蒸煮袋中进行真空包装、称重。

(4) **灭菌** 利用高压蒸汽灭菌锅在高温下加热15分钟。

(5) **冷却** 采用淋水等方式冷却至30℃以下。

(6) **低温贮藏** 将成品置于−18℃低温下保存。

(二) 鱼皮蛋白粉

1. 加工工艺

原料预处理→匀浆→酶解→灭酶→减压抽滤→鱼蛋白水解液→冷冻干燥，得白色或淡黄色鲟鱼皮蛋白粉。

2. 操作要点

(1) **原料预处理** 取一定量原料经脱脂处理后，脱脂的鱼皮加醋酸或柠檬酸浸泡4小时，使原料打散并磨碎成均匀状态。

(2) **酶解** 将处理好的鱼皮在最适温度和最适pH下加酶进行酶解，并用机械搅拌器不断搅拌。采用胃蛋白酶加木瓜蛋白酶复合酶，鲟鱼皮/水的质量体积比（m/V）为1∶3，水解条件：温度37℃（胃蛋白酶水解温度）和50℃（木瓜蛋白酶水解温度），酶用量3 000 U/克（U/克为商品酶的活性指标，用来表示酶的活性），最适pH分别为2.5（胃蛋白酶pH）和6.5（木瓜蛋白酶pH），共水解5小时。

(3) **灭酶** 酶解完成后迅速将水解液升温到100℃并保持10分钟，使其在灭酶的同时起到一定的杀菌效果。

(4) **减压抽滤、冷冻干燥**

(三) 鱼皮胶原蛋白

1. 加工工艺

原料预处理→除蛋白、脱脂→酸提→上清液→酸溶胶→盐析→干燥。

原料预处理→除蛋白、脱脂→酸提→残渣→酶解酸提→酶→盐析→干燥。

2. 操作要点

(1) **原料预处理** 鲟鱼皮人工去除鱼皮上附着的鱼肉与鱼膜，

用蒸馏水洗净杂质后切成小块。

（2）**除蛋白、脱脂**　在低于 10 ℃的条件下，解冻后的鱼皮原料用 4 克/升的氢氧化钠溶液浸泡 24 小时脱除杂蛋白，随后用去离子水充分洗涤至中性并用 10%的正丁醇溶剂浸泡脱脂 24 小时。

（3）**酸提取**　脱脂鱼皮用去离子水反复洗涤、沥干后用 30 克/升的乙酸溶液（m/V 为 1∶40）搅拌提取，重复提取 2 次，每次 24 小时，分离并合并上清液得到酸溶性胶原蛋白（ASC）粗提液。

（4）**酶解酸提取**　提取残渣继续用含有 2%胃蛋白酶的 30 克/升乙酸溶液（m/V 为 1∶40）提取，重复提取 2 次，每次 24 小时，过滤并合并上清液，得到酶溶性胶原蛋白（PSC）粗提液。

（5）**盐析干燥**　粗提液中添加氯化钠至盐浓度为 0.9 摩尔/升，静置盐析 24 小时后过滤，滤得的胶原沉淀用 0.5 摩尔/升的乙酸溶液复溶并依次对 0.1 摩尔/升的乙酸和蒸馏水透析，最后冷冻干燥得到鲟鱼鱼皮胶原蛋白样品。

此外，有研究用聚砜卷式超滤膜对鲟鱼皮碱性蛋白酶酶解液进行超滤处理，经超滤后鱼皮胶原蛋白多肽得到了进一步纯化。相对分子质量主要集中在 1 000 以下，含量高达 97.89%。这种低聚肽易被人体吸收，且不会引起过敏反应，具有良好美容和降血压功效。

（四）复合氨基酸螯合物

1. 加工工艺

原料预处理→盐酸水解→水解液脱色→减压蒸发盐酸→复合氨基酸水解液→螯合→加热→浓缩→沉淀干燥→成品。

2. 操作要点

复合氨基酸水解液的制备工艺应进行优化试验，得出最佳工艺条件。同时以微波螯合为例，螯合条件为：反应体系 pH 为 11，微波功率为 342 瓦，螯合时间为 6 分钟，氨基酸与硫酸铜配位比为 2∶1。

（五）鱼皮皮革制品

1. 加工工艺

鱼皮清洗→浸水→脱脂→软化→脱色→鞣制→复鞣→水洗→染色加脂→水洗干燥→成品。

2. 操作要点

（1）清洗 加入鲟鱼皮质量的300%的水，并加入5%的脱脂剂，翻洗20分钟，将鱼皮表面的污垢清洗干净。

（2）浸水 鱼皮中加其质量的600%的水，加入0.5%的浸水剂，翻动40分钟，静置，每2小时翻动5分钟，浸泡约24小时，排液。

（3）脱脂 加入鲟鱼皮质量的200%的水，并加入2%的脱脂剂及1.5%的纯碱，25℃时轻搅60分钟，过夜排液。

（4）初步软化 加入鱼皮质量10%的氯化钠，并加入鱼皮质量200%的水，浸泡90分钟，再加入鱼皮质量1%的甲酸，浸泡60分钟，然后加入鱼皮质量0.2%～0.3%的蛋白酶液，静置48小时。

（5）浸酸软化 加入鱼皮质量6%的氯化钠，滚盐，加入鱼皮质量0.4%的甲酸，鱼皮质量100%的水和pH=1.5的硫酸处理液，处理1小时，再在26℃时加入0.25%～0.3%蛋白酶翻动40分钟，过夜，终止时的处理pH=3.5。

（6）鞣制 加入鱼皮质量8%的铬鞣剂ERI和2%的铝鞣剂，翻动1小时，再加入鱼皮质量1%的提碱剂，翻动1小时，加入鱼皮质量100%的沸水，过夜。

（7）复鞣 加入鱼皮质量200%的水，水温为32℃，依次加入鱼皮质量1%的碳酸氢钠、1%的甲酸钠、2%的SN中和分散单宁及10%的RUW聚合物复鞣剂，翻动60分钟，排液。

（8）染色加脂 加入鱼皮质量100%的染液，常温翻动1小时，55℃翻动1小时，加入鱼皮质量12%的两性加脂剂ROF、5%的利伯登油等添加剂，翻动90分钟，排液。

（9）干燥 水分含量约为13%时，按鱼皮规格大小登记入库。

由鲟鱼皮制作的皮包见彩图37。

第八章　鲟鱼产业经济发展

第一节　鲟鱼产业经济发展现状

一、销售渠道

鲟鱼产品的销售渠道，是鲟鱼产品从生产领域到消费领域所经过的途径或通道。按照鲟鱼产品销售渠道的长短和复杂程度分为三个类型：第一种类型是生产企业把产品销售给零售商，再通过零售商销售给消费者；第二种类型是生产企业把产品销售到农贸市场，再销售给消费者；第三种类型是生产企业把产品销售给批发商，再通过农贸市场销售给零售商，最终销售给消费者。三种渠道类型的共性就是产品均通过中间商到达消费者的手中。其中批发市场包括大型的批发流通组织和加工企业。零售商包括饭馆、酒店和休闲垂钓场所。鲟鱼的三种销售渠道如图 8－1 所示。在我国北方的鲟鱼流通市场中，近年来约 90％的生产者把自己养殖的鲟鱼销售给批发商，再由批发商通过其他流通环节销售给消费者。

二、销售数量

在我国北方地区，鲟鱼产品销售数量受季节影响，有一定季节性变化规律。如图 8－2 所示，一般情况下，每年 5—9 月为销售淡季，同年 10 月到翌年 4 月为销售旺季。鲟鱼销售数量的季节性变动由以下几方面因素构成。

（1）春、秋季节受旅游因素影响，需求相应增多　旅游业与餐饮业的良性互动有助于旅游目的地的发展和旅游者体验质量的提升，餐饮消费是旅游体验的基本环节之一。春、秋时节，随着消费者外出郊游、休闲垂钓机会的增多，对冷水鱼的消费需求也会相应

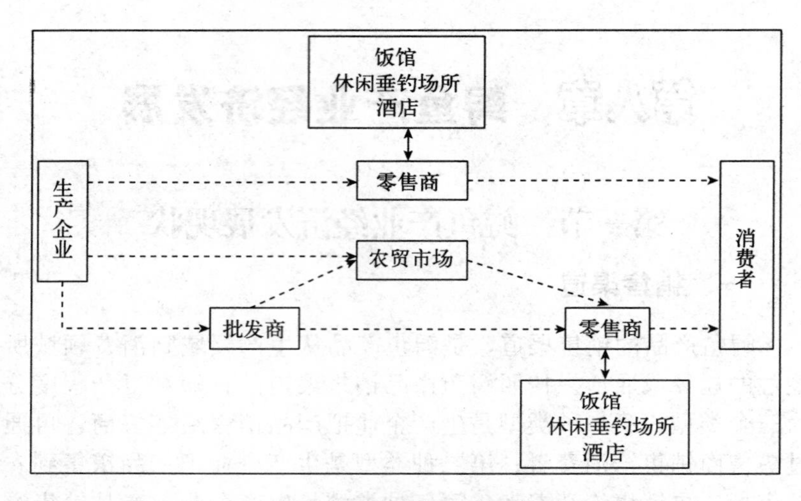

图8-1　鲟鱼产品营销渠道基本类型及流程

上升。因此，受春、秋季节的影响，鲟鱼的销售数量增多。

（2）夏季对冷水鱼养殖技术、设备要求较高，供给相应减少　鲟鱼属亚冷水鱼，养殖水源选择泉水和水质清新的河水，水温10～18℃为宜，夏季水温不超过22℃，最高不超过24℃。因此，夏季对鲟鱼的经营者来说，硬件设施、养殖的技术要求都有所提高，以降低死鱼率。但由于资金和其他条件的限制，小型批发商为降低其预期损失，会选择减少单位进货数量，夏季市场供给量相应减少。

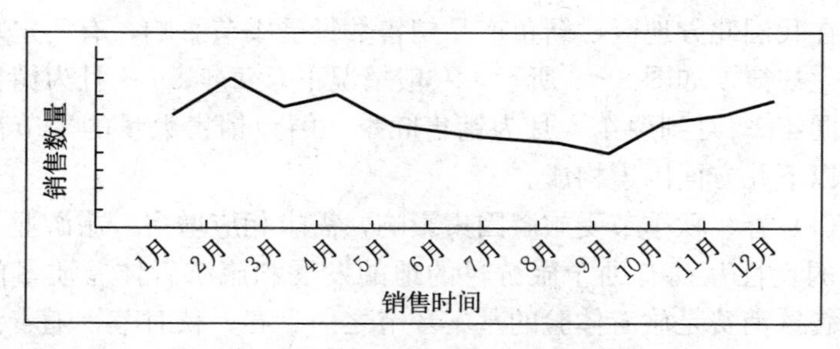

图8-2　季节对鲟鱼销售数量的影响示意

三、销售价格

不同的销售渠道，鲟鱼的销售价格是不一样的。2013 年，在我国北方地区，批发市场的鲟鱼价格一般为 32～40 元/千克，平均价格为 35 元/千克；农贸市场鲟鱼的价格一般为 36～50 元/千克，平均价格为 42 元/千克；而饭店的鲟鱼价格一般为 60～100 元/千克，平均价格为 84 元/千克。总体而言，饭店的鲟鱼售价最高，农贸市场的价格稍微低点，批发市场的鲟鱼销售价格最低。

四、消费者对鲟鱼的认知

据不完全统计，在我国北方消费市场，约 40%的消费者从来没有听说过鲟鱼，约 70%的消费者没有食用过鲟鱼及其相关产品。由此可见，北方消费者对鲟鱼的认知度普遍偏低，有消费习惯的更是少之又少。对于鲟鱼营养价值的认知，目前北方的普通消费者对相关信息了解很少，超过半数以上的消费者根本不知道鲟鱼的营养价值。由此可见，大部分消费者对鲟鱼的食用频率并不高，这说明鲟鱼目前在北方还只是针对少数高端消费者销售，在家庭和个人消费群体中还未得到认可和推广。

第二节　鲟鱼产业全价值链分析

一、鲟鱼产业全价值链的构成分析

鲟鱼产业全价值链的构成包括八个部分：资源价值链、市场价值链、功能价值链、品牌价值链、营销价值链、资金价值链、科技价值链、人才价值链，这八部分形成了一个关系错综复杂的系统。

（一）资源价值链

资源价值链是指鲟鱼养殖户对不同区域的水资源进行持续的利用、开发、转变，并充分利用当地农村的剩余劳动力，通过养殖鲟鱼的方式来创造价值、增加收入，这是一个可持续的、完整的资源整合过程。

（二）市场价值链

鲟鱼产业想要获得长久的、可持续的发展，顺应市场的需求是其前提条件。鲟鱼产业的发展从某些角度来说必须接受市场的考验，一个不具备市场价值的产业是没有任何发展意义的。鲟鱼产业的市场价值链是指通过政府的政策指引、创新机制的鼓励、相应服务平台的建设，实现市场的共享，提高鲟鱼的市场占有率，进一步增加鲟鱼产业的市场价值。

（三）功能价值链

鲟鱼在过去往往只是一种具备了食用功能的产品，因此也只能体现其单一的功能价值。而功能价值链的意义在于将鲟鱼的食用功能结合科普教育、休闲观赏、特色旅游等功能，形成一个集多功能于一体的价值链，通过高效的宣传运作，最大限度地提升鲟鱼的功能价值。

（四）品牌价值链

品牌的价值链体现在鲟鱼产业的上下游通过采取联合统一的行动，使品牌化的鲟鱼销量取得比未获取品牌时更迅猛的增长，从而实现更多的盈利，同时还能让品牌的形象在下一步的竞争中获取强劲稳定的优势。一般情况下，品牌的知名度、联想度以及品牌的态度和相应的品牌活动等指标可以用来衡量品牌的价值。

（五）营销价值链

营销是任何一个产业创造效益的基本环节，鲟鱼产业的营销价值链是指坚持科学的营销方式，量价并重，扩大销量的同时稳定市场的价格，严格控制市场价格的到位率，扩大鲟鱼产业的周边效益，实现产量和价格的科学增长，从而获取长久、稳定的收益最大化。

（六）资金价值链

作为鲟鱼产业发展的核心要素之一，资金价值的最大化是保证鲟鱼产业快速、稳步、可持续发展的内在动力。鲟鱼产业的资金价值链是指在发展过程中进行有效的投入、融资，充分盘活剩余的资金存量，提高资金的利用效率，并且促进流动资金的周转效率，这是一个循环的动态过程，利用最小的资金投入获得最大的经济回报。

（七）科技价值链

科技是产业创新和变革的主要驱动力，它是第一生产力。将先进的科技成果融入到整个产业，是产业升级转型的必要渠道。鲟鱼产业的科技价值链是指在鲟鱼产业的各个方面（育种、喂养、环保、物流、市场营销等）运用先进的科技手段，从而最大限度地提升和实现产业的科技价值。

（八）人才价值链

资金的运用、科技的创新、效益的增长等都离不开人才，因此，如何以人为本、将人才的价值最大化必定是产业生存和发展的关键。鲟鱼产业的人才价值链是指将产业人才的知识、人格、技能、能力四方面价值进行全方位的融合，从而形成层次分明、各尽所长的完整的人才价值链的过程。

资源价值链、市场价值链、功能价值链是鲟鱼产业的发展基础，是基础子系统；品牌价值链、营销价值链是促进北方鲟鱼产业发展和提升的关键，同样也是提升鲟鱼全价值链的战略核心，是核心子系统；资金价值链、科技价值链、人才价值链是支撑鲟鱼产业可持续发展的支柱，是支撑子系统。这三个子系统共同形成鲟鱼全价值链的框架如图 8－3 所示。

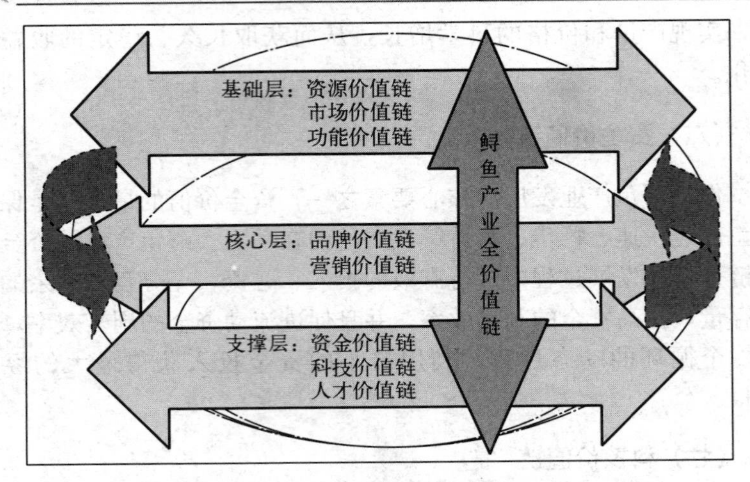

图8-3 鲟鱼产业全价值链结构图

二、鲟鱼产业全价值链的发展策略

（一）把提升资源价值、资金价值作为基础

只有拥有了丰富的水域资源以及充足的资金，才能为北方鲟鱼产业资金链延续以及正常的资本运作提供支撑。鲟鱼产业的资金链比较长，从购买鱼苗开始，中间需要经过1年的养殖成本投入（饲料、防疫等），再到捕捞、物流、宣传营销、加工，最后到销售并收回资金。由此，鲟鱼产业的资金价值提升是获得收益最大化的基础。

（二）把开创市场价值、功能价值作为动力

北方鲟鱼产业应该顺应市场的需求，紧跟市场的变化，在发展的过程中不断地扩展鲟鱼的功能价值，积极开展鲟鱼周边业务，使其集食用、科普、观赏、娱乐、旅游等多功能于一身。并且，在鲟鱼产业的各个层面、各个生产环节都要融合最新的市场走势、结合最新的创新科技进行市场、功能的深层次发掘，坚定以市场价值和

功能价值创新为源泉。鲟鱼产业的功能价值创新主要分为横、纵向两个方面：横向的创新是指拓宽原有功能，努力寻找新增的功能；纵向的创新是指在原有功能上进行深层次的改进和完善，顺应市场的变化，满足不同人群的需求。

（三）把塑造品牌价值作为重点

表面上看来，商品的品牌只是用来标示商品的名称。但是，从本质上来看，品牌是一套整体价值的动态链条，它直观地反映了商品的市场竞争力，它是一个完全流动的系统。对于鲟鱼产业的发展，必须要以塑造品牌价值为重点，同时还要确保其品牌价值链条的动态性和可持续性。塑造品牌价值的主要策略分为五个方面：认知度、知名度、赞誉度、满意度以及忠诚度。首先要通过宣传的方式展示商品的功能、特性，确定品牌，从而获得群众的认知；其次是引入一种全新的概念或提倡一种人们广为认可的理念，突出商品的别树一帜，彰显商品特有的价值观，使得商品能够在竞争产品中脱颖而出，并拉开距离，打上品牌特有的烙印，扩大品牌的影响力。最后，也是最难的一点，需要分析顾客对品牌的诉求以及品牌的价值，精确定位顾客的需求，明确顾客的认同感以及所带来的价值利益，给顾客创造独一无二的价值，从而产生极大的用户黏性，提升顾客的满意度和确立顾客的忠诚度。

（四）把提升营销价值作为支撑

宣传营销一直是产业发展的支点，没有营销的产业是没有任何发展前景的。由此，在鲟鱼产业的发展过程中，必须要以提高营销价值作为支撑，借以提升鲟鱼的整体产业价值。提高营销价值主要分为三个步骤：营销构思、市场考验、优化提升。首先，营销的构思必须符合消费者的价值观，具有一定的思想深度，能够追随顾客心理的变化，并且要体现产品的特性和品牌影响力。然后，通过市场的反映来考验既定的营销方式，获取消费者的反馈，当然也可以通过一些调研、访谈的方式来实现；最后，根据反馈来优化和提升营销手段，从而实现营销所带来的价值最大化。

（五）把融合科技价值、人才价值作为桥梁

21世纪是信息爆炸的时代，科技、人才形成了产业的活跃力和竞争力，因此，在北方鲟鱼产业的发展中，一定要融合科技价值、人才价值，并把它们作为链接整个鲟鱼产业全价值链的桥梁。精准、迅速地获取鲟鱼产业的相关科技信息，并积极引入复合型的高知识人才，才能保证鲟鱼产业的可持续发展。

第三节　鲟鱼产业经济发展展望

一、鲟鱼产业与休闲产业相结合

随着我国城乡居民收入提高和物质生活的极大改善以及节假日休闲时间的增多，休闲渔业作为一种重要的文化休闲方式应运而生，迎来了发展机遇。休闲渔业又称娱乐渔业，是一种依托渔业相关的设施设备、生产场地、渔业产品、经营活动、自然环境、人文历史等资源，以满足人们的休闲生活、休闲行为、休闲需求为目的，集垂钓餐饮、休闲娱乐、旅游观光为一体的新型第三产业。北方鲟鱼产业可充分利用休闲渔业的发展优势，与休闲渔业相结合，以市场需求为导向，突出区域特色、文化特色、景观特色，按照“因地制宜、合理规划、形成特色、示范带动”的要求，建设一批休闲渔业示范基地，构建多元化、精品化的休闲渔业产业群。通过休闲渔业多方位梯度发展，提升内涵、拓展外延，将休闲渔业产业培育成北方鲟鱼产业经济发展重要的增长点。

（一）做大鲟鱼观光

观光渔业作为休闲渔业的一个重要方面，有着很大的发展空间：①加强对鱼水旅游观光价值的开发。结合景点建设，建设鲟鱼观光项目，进一步丰富观光渔业的项目内容，增强项目的参与

性、观赏性、知识性，为游客提供科普、体验、观光服务，使鲟鱼观光成为旅游的一个新景点。②建设大型野外鲟鱼钓鱼中心。郊区生态环境好、容量大，具备发展垂钓业得天独厚的优势。要加快郊区休闲渔业项目的建设，建立网拦湖湾，投放鱼种，增大放养密度，完善钓台、道路、停车场等基础设施，使之成为环境优雅、设施完备、功能齐全、全国知名的大型鲟鱼钓鱼中心。

（二）做精鲟鱼美食

鲟鱼美食的发展应充分发挥其餐饮业的品牌优势，创新思路，深度挖掘、整合、包装地方特色美食资源：①大力发展鲟鱼餐饮业。鲟鱼餐饮业已有良好的基础，发展势头很好，要办好鲟鱼烹饪大赛，办出特色，扩大影响，不断提高鲟鱼烹饪技术水平，打造鲟鱼美食中心。发挥鱼味馆的技术、品牌优势，通过招商引资，引进品牌企业加盟鲟鱼餐饮业。②加强旅游特色餐馆体系建设，增加旅游特色餐馆数量。在城区应突出商务性、大众性和经济性相互补充的餐饮体系建设，在郊区及周边地区突出农家渔家特色餐饮体系建设，应突出文化性和民俗性及地方渔业文化浓郁的动态餐饮体系建设，使鲟鱼美食成为提升休闲渔业的特色品牌。

（三）做活鲟鱼购物

鲟鱼购物是休闲渔业创收的重要来源：①注重鲟鱼商品功能的开发。紧密联系市场，充分发挥北方鲟鱼资源的优势，不断创新，改进包装，重点在鲟鱼商品的研发设计和精、细、深加工方面下功夫，开发特色旅游商品、概念性纪念品、工艺品和生态健康休闲食品。②加强创新，把鲟鱼购物与旅游购物相结合、与商贸相结合，合理布局购物网点，完善休闲购物环境，建设“一站式”、多中心的旅游购物街、购物中心、购物商店，满足旅客的购物心理和购物需求，努力塑造称心购物的品牌。

二、鲟鱼产业与文化产业相结合

文化产业一方面在扩大城市的规模经济、促进就业稳定、改善人居环境方面起到了积极的作用，另一方面也在增强其他产业产品和服务的丰富性，与现代服务业相融合等领域表现突出。对于鲟鱼产业也是如此，没有文化内涵的休闲渔业产品成不了真正的精品。要大力挖掘鲟鱼饮食文化、民俗文化的内涵，做好与鲟鱼结合的工作。要精心包装、精心策划，加快建设鲟鱼文化展示中心建设。要寓教于乐，融科学性、知识性、趣味性于一体，开展鲟鱼发展史、鲟鱼标本制造、鲟鱼功能研究、鲟鱼文学作品的研究和展示。开展鲟鱼文化文艺演出、鲟鱼文化学术讨论交流等活动，宣传鲟鱼文化，彰显特色，促进鲟鱼产业与文化产业的融合。

（一）关注鲟鱼文化需求多元化

具有悠久历史背景的鲟鱼文化，正在形成一条鲟鱼文化与鲟鱼产业经济发展相结合的道路，同时将鲟鱼产业由第一产业向第三产业逐步接近。鲟鱼文化经济产业以鲟鱼文化为特色，将为北方鲟鱼产业发展注入强大的经济效益和社会活力，成为鲟鱼产业经济深入发展的重要力量。鲟鱼文化产业是一种既有“经济”成分，又有“文化”成分的“新经济”形态。鲟鱼文化旅游业属于鲟鱼文化经济产业。当前应当抓住经济发展和旅游升温的机遇，发展鲟鱼文化旅游项目，吸引中外游客远道而来。结合实际，着力搞好鲟鱼文化旅游产品多元化开发，满足不同层次消费者的多样需求。

（二）关注消费需求文化导向

从 20 世纪后半期开始，文化消费在消费结构中的比重不断上升，文化消费的市场潜力巨大。鲟鱼文化产业必须关注“消费个性化”“感性消费”“舒适消费”等新的文化消费导向。举办知识型旅游，感受鲟鱼文化，了解鲟鱼的科技知识以及鲟鱼对人体的营养保健价值，拓展有益于人们身心健康的鲟鱼文化消费市场。文化乃名牌之魂，名牌一半是物质，一半是文化。品牌和名牌旅游给消费者带来的不仅是高度的物质效用，更重要的是它的精神效用，给消费带来的心理满足和文化享受。鲟鱼产业必须抓住机遇，不断创新，树立旅游品牌，才能发挥资源优势和区位优势，建设有竞争优势的鲟鱼文化旅游休憩基地。

（三）拓展鲟鱼文化的发展空间

鲟鱼产业可以利用城市会展业、博物馆、水产品连锁店、渔业科普、水产品与健康咨询、广告等活动，从鲟鱼饮食、旅游休闲、文化科普等入手，发展适应都市环境的休闲渔业。同时拓展鲟鱼文化的发展空间，急切需要政府的引导和支持。除了政府主导之外，利用民间力量发展休闲渔业是鲟鱼产业的一个发展趋势。人民群众具有丰富的想象力和创造力。调动人民群众的智慧发展休闲渔业，会在形式上、内涵上、空间上不断推陈出新，创造出更加惹人喜爱的北方鲟鱼休闲渔业形态。

第九章 鲟鱼养殖和经营案例

一、杭州千岛湖鲟龙科技股份有限公司“公司+农户+标准化”养殖经营实例

（一）基本信息

养殖户方新明，浙江省杭州市淳安县唐村镇茂川村人。由于靠近千岛湖，当地农户在千岛湖开展网箱养鱼已有20多年传统，养殖品种包括鲫、鳜、鲈、鮰等。方新明年轻时学过厨师，贩卖过8年鱼，之后，便走上了养鱼的道路。他拥有养殖水面3 335米^2，不同大小的网箱合计100个。2008年，方新明成立了当地唯一一家鮰养殖合作社，集结周边几户农民养殖鮰。因方新明做事沉稳，脑子灵活，勤于交流总结，取得了较好的成活率和养殖效益，方新明也因此成为周围一带小有名气的养殖能手（图9-1）。

图9-1 杭州千岛湖的鲟鱼网箱养殖

随后，杭州千岛湖鲟龙科技股份有限公司在千岛湖落户并迅速发展。该公司于2008年推出“公司+农户+标准化”的推广战略，发展当地农户开展订单养殖。由于当时鲟鱼价格远高于鲴，机智的方新明早人一步嗅到其中的商机，便成为鲟龙公司的第一批推广农户。2009年他放苗5 000尾，到2011年秋季，销售4 000尾左右，首战取得初步成功。之后，他又于2011年9月与鲟龙科技股份有限公司开展了第二轮代养合作，签订3年的养殖回购协议，由该公司免费提供鲟鱼优质鱼苗及养殖技术培训，养殖期满后，该公司以市场最低保护价形式向农户收购。此次方新明放苗20 000尾，到2014年11月已养至7千克/尾的规格，整体出售给鲟龙科技股份有限公司，单笔销售收入500多万元。

（二）放养与收获情况

放养品种、放养时间、规格、数量与各品种的收获时间、规格、数量等情况详见表9-1。

表9-1　俄罗斯鲟的放养与收获

放养			收获		
时间	规格（厘米/尾）	放养密度（尾）	时间	规格（千克/尾）	每667米^{2}产量（千克）
2009年11月	25	4 000	2011年11月	6.5	25 000
2011年11月	25	6 000	2014年11月	7	30 000

（三）养殖效益分析

按照养殖10 000尾俄罗斯鲟，第一年成活率95%，第二年成活率97%，第三年成活率98%计算，大致效益分析如下。

1. 成本

（1）网箱投入　每个6米×6米×6米网箱的网片为600元/个，

框架400元/个，合计1 000元/个。

第一年：10 000尾×95%（成活率）×1千克/尾÷500千克/个箱×1 000元/个箱=19 000元。

第二年：9 500尾×97%（成活率）×3千克/尾÷750千克/个箱×1 000元/个箱，约为37 000元。

第三年：9 215尾×98%（成活率）×6千克/尾÷1 000千克/个箱×1 000元/个箱，约为54 000元。

（2）鱼苗投入 10 000尾×3.5元/尾=35 000元。

（3）饲料投入 第一年：10 000尾×95%（成活率）×1千克/尾×1.5（饵料系数）×9元/千克，约为128 000元。

第二年：9 500尾×97%（成活率）×2千克（当年一上年）/尾×1.5（饵料系数）×9元/千克，约为249 000元。

第三年：9 215尾×98%（成活率）×3千克（当年一上年）/尾×2.0（饵料系数）×9元/千克，约为489 000元。

（4）人工费 第一年：1人×2 500元（月·人）×12月/年=30 000元/年。

第二年：2人×2 500元（月·人）×12月/年=60 000元/年。

第三年：3人×2 500元（月·人）×12月/年=72 000元/年。

2. 产值

第一年：10 000尾×95%（成活率）×1千克/尾×42元/千克=399 000元。

第二年：9 500尾×97%（成活率）×3千克/尾×42元/千克=1 161 090元。

第三年：9 215×98%（成活率）×6千克/尾×42元/千克=2 275 736.4元。

3. 养殖3年效益分析

该养殖模式效益分析详见表9-2。

由此可见，农户养殖3年俄罗斯鲟10 000尾，按90%的综合成活率计算，到出售时，可获得1 158 736.4元的经济效益。

表 9-2　俄罗斯鲟养殖 3 年效益分析

单元：元

	网箱投入	鱼苗投入	饲料投入	人工费	总成本	产值	利润
1 龄成本效益	19 000	35 000	128 000	30 000	212 000	399 000	187 000
2 龄成本效益	37 000	35 000	128 000+249 000	90 000	539 000	1 161 090	622 090
3 龄成本效益	54 000	35 000	128 000+249 000+489 000	162 000	1 117 000	2 275 736.4	1 158 736.4

（四）经验和心得

1. 养殖经验及技巧

（1）鲟鱼品种及养殖环境选择　鲟鱼属于一种大中型经济鱼类，也是非常珍贵的鱼种。大部分鲟鱼品种为亚冷水性环境生存，在我国南方地区存在度夏难题，千岛湖水域夏季温度较高，因此需要养殖更耐高温的品种——俄罗斯鲟。同时，选择水深 15 米以上水域，保证安全度夏。

（2）网箱大小及网目要求　网箱面积一般以 6 米×6 米为宜，深度控制在 6～9 米。面积合适，易于管理，而且增重快，出塘时鱼的大小规格比较整齐。同时，网衣大小要考虑三点：①网目尺寸不能过大，防止鱼种过网逃走；②有利于网箱内水体进行交换；③网箱底部网片要采用密眼的网目缝制，以防止饵料漏出网箱，造成浪费。比如要放养 20～25 厘米的鱼种，网目尺寸就应该选择 3 厘米左右的。

（3）鱼苗在投放前都要经过消毒　为防止带入病原，鱼苗（尤其是从异地购买的鱼苗）投放前需要进行消毒。采用浓度为 3%～5%的食盐水浸洗鱼体 5～10 分钟。一些细菌在原产地可能不会大规模暴发，但是随着水质条件及周边环境的变化，在新的环境中这些细菌很有可能大量繁殖，成为致病菌。

(4) 鲟鱼进入网箱之后的管理 ①要注意认真做好日常养殖记录，记录每天的水温、天气变化以及死鱼的情况。②要经常检查网箱，检查网箱的四角是否完全张开呈箱型，网片是否有破损或者是否有脱线的地方，框架与扎结有无松动的情况，如果有破损的地方就要及时修补。另外，每半个月左右清洗网箱 1 次，去除杂物与附着在网箱上过多的藻类。③根据鱼体增长的状况及时调整放养密度，放养密度不宜过高，鲟鱼体被有坚硬的骨板，放养密度过大，鲟鱼抢食饵料时非常激烈，鱼体相互摩擦碰撞严重，鱼受伤感染容易死亡。注意分箱分规格养殖，鲟鱼在生长过程中，大小分化比较明显，注意及时分箱并记录。

(5) 投饲技巧 一般是鱼种进箱后，先停止投饲 2 天，适应一下网箱里的环境。2 天以后，再少量、多次投喂配合饲料。投饲多选择在早晨和晚上进行，高温季节便开始停食。到 9 月以后，气温和水温都降低了，这样再开始加大投饲量。

投喂时注意三点：①要观察鲟鱼的摄食量，根据鱼生长的不同阶段计算出每一阶段每天的饲料用量；②检查剩余饲料的有无和多少，根据剩余饲料的多少调整投饲量，坚持八成饱原则。如果剩余饲料异常变多，就要及时检查鱼是否患病，或是由于水温急剧变化引起鱼不摄食；③要仔细观察投喂时食台下鱼群阴影的变化情况，通常在开始投喂时，鱼群密集抢食，阴影大，箱内翻滚，当投食高潮过后，鱼群阴影开始逐渐变小或者消失，水面也开始趋于平静了，这个时候就表明大多数鱼都已经摄食完毕。在喂养时还要注意，随着鱼体的大小要及时调整饲料粒径。

2. 如何防治疾病

(1) 要从源头做起 ①网箱下水前用生石灰或漂白粉浸泡处理。每隔 15～20 天网箱要用生石灰 3～4 千克，兑水泼洒箱体及旁边的水域，每天一次，连续用 3 天，同时在网箱内四个角用漂白粉或三氯精等穿插挂袋。②平时有死伤的鱼要随见随捞，防止污染和交叉感染。③如果网箱内设了食台，每天把食台吊离水面让阳光曝晒，气温高时饲料要少投、食台要下降。④夏季最炎热的3 个月中，每隔10天，需要连续3天在饲料中添加食盐，食盐的质量和饲料的质量比是1∶100。

（2）**养殖过程遇到的问题及解决办法** 养殖过程中遇到鲟鱼发水霉病，主要的表现症状就是体表破损处可以看到灰白色的絮状物，病鱼开始烦躁不安，并且随着病情加重还会发生游动缓慢，食欲减退甚至停止摄食，鱼逐渐消瘦，最后直到瘦弱至死。这种病虽然不至于大规模暴发，但如果发生，需要抓紧时间治疗。

水霉病在治疗的时候，要用1∶1的食盐和碳酸氢钠混合溶液对鱼体进行消毒；还有一种方式就是将抗生素拌在饲料中投喂，药饵比为1∶100，连续投喂3天。另外，在日常搬运、放养等一些操作过程中，要尽量小心谨慎，避免鱼体体表受伤；同时还要按时清洗网箱，去除污物，保持一个良好的养殖环境。

（五）上市和营销

方新明等农户依靠当地的龙头企业——杭州千岛湖鲟龙科技股份有限公司养殖鲟鱼，通过合同保护价的形式，由公司统一集中销售，把养殖户的销售劣势变成龙头企业的销售优势，养殖户可以有效规避市场风险，放心踏实养好鱼。同时，鲟龙公司作为鲟鱼养殖加工领域的龙头企业，通过推广让农户在可利用水体开展鲟鱼养殖，不仅增加养殖户的收入，带领养殖户致富，还能解决企业加工后备亲鱼的供给，达到养殖户和企业双赢的目的。

二、湖北天峡鲟业公司“农民居家养鲟模式”

湖北清江流域是我国鲟鱼养殖核心区。早在2000年，湖北天峡鲟业公司向农民提供鱼苗、提供技术、回收产品，带动清江库区农民5 000多户养鲟致富。养鲟年产量2万多吨，占我国鲟鱼养殖总量的1/3，世界总量的1/4。农民在发展鲟鱼养殖时，只追求经济效益的最大化，而忽视生态环境保护，导致清江流域资源破坏、环境污染、生态危机等一系列严峻问题。湖北天峡鲟业公司为了解决上述问题，在开发和利用鲟鱼资源的同时，用全新的理念来指导生态渔业的可持续发展方向，历经数十年的艰辛探索，发明了天峡模式，成功地把江河、湖库中的鲟鱼养殖“搬”上岸，“搬”进农民新房地下室养殖。

2010年，天峡公司与湖北宜都红花套镇33户农民合作，建成了农户家庭室内地下生态养鲟，地上居住，房前屋后种植蔬菜处理废水。实现每户农民年产鲟5～8吨，年利润5万元以上，农民足不出户，居家养鲟轻松致富。

（一）基本信息

2009年10月，农户家庭地下室养鲟模式在宜都红花套镇动工新建，住宅占地面积140米^2，地上3层，每层120米^2、厨房20米^2，地下一层建养殖车间，养殖池占地总面积140米^2，鱼池面积100米^2，池深1.6米，养殖水体160米^3，水处理池面积40米^2，住房总造价23万元，其中地下室养殖池车间造价8万元。2010年3月全部完工。

1. 建设投入

地下室养殖鲟鱼建设投入情况详见表9－3。

表9－3 地下室养殖鲟鱼投入情况

项目名称	金额（万元）	备注
土地费	2.0	土地征用（150米^2）
鱼池建设	8.0	工资、土建、滤材、水泥、安装等
地上住宅	15.0	3层380米^2
设备	5.0	水泵、氧泵、气泵、发电机、制冷机、辅助材料等
合计	30.0	

2. 养殖实例

（1）实例一 湖北宜都红花套镇渔洋溪村民卢武昌一家5人，家庭收入之前主要靠儿子外出打工和儿媳在家种地，年纯收入仅2万元左右。2010年，卢武昌一家运用天峡模式，利用新房地下室

140 米^2 的小型面积，建成 100 米^2 的养殖池，40 米^2 的水处理池，养殖水体为 200 米^2 的循环水养殖车间。2014 年 3 月 8 日投放鲟鱼种 550 尾（表 9－4），平均规格 1.02 千克，11 月 12 日天峡公司回收产品，经过 8 个半月的养殖，共收获鱼 2 779.5 千克，平均规格达 5.10 千克，每尾平均增重 4.08 千克，按照市场价 40 元/千克计算，收入 8.8 万元，除去电费、饲料费、人工费等其他开支，纯利润 5.49 万元，每天平均收入 215.6 元。饲料系数 1.28，每 1 千克的鱼生产成本为 15.17 元，养殖生产中费用概算见表 9－5。卢武昌在自家一楼开鲟鱼美食餐厅、旅游商店，销售鲟鱼系列产品，年纯收入 4.9 万元，地下养鲟、地上餐饮两项年纯收入 10.39 万元。

表 9－4　室内养殖鲟鱼放养情况

入池				出池			
初期尾数（尾）	规格（千克/尾）	总量（千克）	末期尾数（尾）	规格（千克/尾）	总量（千克）	增重（千克）	成活率（%）
550	1.02	561	545	5.1	2 779.5	2 218.5	99

表 9－5　养殖费用成本概算

日开支项目	费用金额（元）	占总开支比例（%）	每养 1 千克鲟鱼成本（元）
电费	4 028	11.9	1.81
纯氧费	1 700	5.0	0.76
饲料费	17 049	38.4	7.68
渔药费	420	1.2	0.18
人工费	10 000	29.6	4.5
其他费用	550	1.6	0.24
合计	33 747		15.17

（2）实例二 宜都昌盛鲟鱼合作社22位农民运用天峡模式，投资213万元建设生态循环水养殖车间3 335米^2，养殖池16口，单个养殖池面积123.2米^2，池深1.7米，总养殖水体3 351米^3，2011年11月8日投放鲟鱼种14 552尾，平均规格850克，平均放养密度3.69千克/米^3，2013年11月10日天峡公司回收产品，经过2年的养殖，共收获鲟鱼13 824尾，95 385.6千克，平均规格6.9千克，养殖密度28.46千克/米^3，成活率95%，回收价格40元/千克，销售收入332.1万元，除去电费、饲料费、人工费、苗种费等其他开支136.3万元，纯利润195.8万元，人均收入8.9万元。

（二）养殖与管理

1. 鱼种投放

进工厂化养殖车间的鱼种应选择体质健壮，无病无伤，活力强的个体。鱼种在进车间前1周投喂预防细菌性鱼病的中草药预防鱼病，或投喂复合维生素、免疫多糖类的药物提高鱼体免疫力。进鱼前做好养殖池的准备工作，进鱼前30天清洗干净、浸泡鱼池，泼洒生物肥气泵提水循环培养微生物，鱼种进池时用3%的食盐水浸泡鱼体，进行体表消毒杀菌处理。鱼种进车间的第二天开始少量投喂，饵料投喂前期按鱼体重的0.1%投喂，后期逐步增加到鱼体重的0.8%，投喂过程中观察鱼的摄食情况，发现饵料有少量剩余立即不喂或减量。

2. 水质调控

鲟鱼工厂化养殖，高密度、高饲料投入，在长期大量的饲料投入情况下，养殖水体中会有大量的残饲、粪便等有机污染物的积累，造成养殖水体中氨氮、亚硝酸盐等有害物质含量增加，水质恶化，影响鲟鱼生长。在日常养殖管理过程中，每天上、下午检测一次养殖水体中的水温、溶解氧。每3天检测一次养殖水体中pH、氨氮、亚硝酸盐等指标，通过水质分析，作出科学的解决措施。根据不同的水温、溶解氧等情况及时调整投喂量，做到科学投喂，减少饲料浪费，降低饲料对水体的污染程度。

3. 鱼病预防

工厂化养殖鱼病关键在于预防，通过改善养殖水环境，定期在饲料中少量添加中草药和维生素 C、维生素 E 等药物，提高鱼体免疫力。在平时的日常管理中做好鱼病检查工作，勤巡逻，发现病鱼立即捞出车间，隔离暂养，生产用具分开使用，定期消毒，避免交叉感染，高温期间做好控温、增氧工作，定期泼洒 EM 菌、芽孢杆菌改善水质，预防病菌的发生。

4. 合理放养

循环水工厂化养殖过程中，选择合理的放养密度，加强养殖管理与监控，选择营养均衡的优质饲料，提高养殖水体溶氧量，进行科学投喂，提高饲料利用率，减少养殖污染物的排放，能有效地控制养殖水体污染，使养殖水质指标符合我国《渔业水质标准》(GB 11607)。

(三) 养殖效益分析

1. 经济效益

家庭地下室养鲟模式，在 140 米^2 的小型面积中可实现年产鲟 8 吨，年获利 8 万元左右，若利用养殖鲟鱼产品开发旅游、餐饮业，年收入可达 15 万元以上，同时在养殖工程中利用鱼类排泄物种植有机水生蔬菜，既减少环境污染，又增加额外收入，一举多得。在农户地下室进行循环水工厂化养殖，按照“一次放苗、超量分池、批量上市”的养殖模式，年初一次性放足鱼苗，设定合理的养殖密度，超出养殖密度范围的部分，立即转池或批量上市销售，使养殖鲟鱼始终处于最佳生长密度范围内，发挥最高养殖水平，达到优质、高产和高效的目的。结合实际生产需要，批量销售的现金用来购买饲料和生产费用等开支，缓解资金紧张的压力，农民天天有鲜活鲟产品上市，天天有现金收入，真正实现了“农民居家养鲟、室内成聚宝盆”的现实。

2. 生态效益

家庭地下室养鲟、地上多功能同步开发生态养殖模式，利用太阳能发电满足养殖生产、照明等生活用电；利用微生物（益生菌）、水生植物等净化水质，将养殖水体中氮、磷等有害物质形成生态良性循环，达到养殖农产品安全无害化，不仅节能降耗，减少农村环境污染，又可以提高农民收入，改善人居环境，提高幸福指数，既符合社会主义新农村建设的要求，又将大力推进现代农业建设。

3. 社会效益

天峡模式创造性地把农民住房地下室变为生态循环水养殖车间与地上餐饮、文化、生态旅游相结合。把一楼、二楼建旅游商店和农家乐，开发以鲟鱼为主体的旅游休闲食品和农家菜，三楼办公或居住，探索出农民新房地下室实现工业化生态养殖＋生态旅游模式，通过养殖业带动了农村观光旅游业的同步发展，农民在从事鲟鱼科技养殖及旅游服务业的过程中接收了外来信息，开阔了眼界，提高了文化素养和文明水平，有效推动了人的城镇化的进程。居民安居乐业、养生养老，提高了生产生活质量。国家大力提倡建设多层厂房和通用厂房，节约土地，集约发展，努力形成资源节约、环境友好、社会和谐的新农村建设新格局，家庭地下室养鲟地上多功能同步开发的生态养殖系统，正适合于我国当前的国情。

（四）技术优点

1. 资源节约，高效环保

地上向空中发展完成产品初加工，包装、贮存、办公、餐饮、旅游等多个附属项目建设，单元模块式，一地多用，节约大量宝贵的土地资源。传统的池塘养殖模式每 667 米^2 产鱼 500 千克，产值 1 万元，利润 3 000 元，天峡地下室养鲟模式节约土地是传统养鱼模式的 100 倍，产值是传统养鱼的 150 倍，利润是传统养鱼的 160 倍。天峡养鲟模式设备简单，操作简便，以最小的投资，获取最大的效益，较传统养殖方式节省劳力 99%；该模式不换水，不排污，安全环保，节省水资源 99%。

利用地温控制水温，利用微生物（益生菌）、水生植物等调控水质，确保养殖鲟鱼生长安全，免受自然界高温、洪涝灾害等恶劣环境的影响，病害少，生长快，成活率高，室内养鲟模式较室外养殖成活率提高95%以上。该模式不用药、不换水、不排污，实现全天候、全生态、全封闭健康养殖，与外界隔离，免受自然界城市生活污染和工业废水污染，风险可控，成本可控，产品质量可控，以最小最安全的投资管理成本实现产品安全，环境美好，资源节约。

2. 农民居家养鲟，缓解农村就业问题

发家致富，家庭和谐，社会稳定，有效缓解城郊失地农民的就业压力；有效缓解青壮年农民大量外流引发“空巢”产生的夫妻分居、儿童失教、老人无关爱等日益严重的农村空心问题。

3. 开创“天峡模式”

在“公司+协会+农户”的农业产业化模式基础上，以节约用地、少投入、多收入等为根本出发点，开创养鲟工厂在农村、车间在农户，农村办工业、农村变城镇的新型产业样本，打造“地上新城镇、地下鲟鱼城”的别致景观，将生态化工厂养殖、新型城镇化与农户生产经营特点相结合，开创了农村第一、二、三产业协同发展与新型城镇化建设同步推进的发展模式。

三、北京利康万茂种养殖有限公司微循环温室大棚鲟鱼养殖模式

（一）基本信息

北京利康万茂种养殖有限公司（原名“梭草鱼场”），位于北京市怀柔区杨宋镇梭草村。建于1984年，占地面积73 370米^2，最初以养殖“四大家鱼”为主，2008年采用微循环温室大棚养殖鲟鱼。

（二）放养与收获情况

该模式收获与放养情况详见表9-6。

表 9-6 温室大棚养殖鲟鱼的收获与放养情况

养殖品种	放养			收获		
	时间	规格（厘米）	每 667 米^2 放养量（万尾）	时间	规格（千克/尾）	每 667 米^2 产量（千克）
杂交鲟（西伯利亚鲟×施氏鲟）	2013 年 4 月	10	1	2013 年 10 月	0.85	7 500
西伯利亚鲟	2013 年 7 月	10	1	2014 年 4 月	0.85	7 500
达氏鳇	2010 年 11 月	15	0.1	2014 年 12 月	25	25 000

（三）养殖效益分析

1. 成本

每 667 米^2 承包费 500 元，苗种 3 000 元，饲料费 93 500 元，渔药费 6 000 元，水电费 8 000 元，人工费 3 000 元，共计 114 000 元。

2. 销售收入和利润

共放养杂交鲟、西伯利亚鲟和达氏鳇 3 个品种，销售价格为 26 元/千克。养殖杂交鲟和西伯利亚鲟的年效益基本相同，产值为 7 500 千克×26 元/千克＝19.5 万元，利润为 19.5 万元－11.4 万元＝8.1 万元。

养殖达氏鳇周期较长，主要是作为后备亲鱼或者生产鱼子酱，销售价格也相对较高。养殖 4 年收获 25 000 千克，销售价格为 40 元/千克，年效益为 25 000 千克×40 元/千克÷4 年＝25 万元/年。

（四）经验和心得

鲟鱼养殖需建设水泥养殖池塘，具有给排水功能、增氧设备，喂养采取人工喂养方式进行。

1. 水源条件

养殖用水采用深井水，在进入养殖池之前要先进入蓄水池增氧曝气。水质条件要求溶氧量在 6 毫克/升以上，氨氮小于 0.5 毫克/升，pH 为 7～8.5，亚硝酸态氮小于 0.1 毫克/升，水温控制在 13～22 ℃。

2. 鱼种放养前准备

水泥池在放养鱼种前要进行消毒。用 10 毫克/升的漂白粉溶液浸泡消毒。消毒后用清水冲洗，并认真检查进、排水设施，然后注入新水 50～70 厘米。

3. 鱼种选购

为提高养殖效率，在选择鱼种时应认真检查，判断其体质状况，要求鱼种体型匀称，鳍条舒展，鳃鲜红，体色呈黑色或黑灰色，腹部呈白色，腹部无凹陷，游泳能力强，捕食能力强，体长 10～15 厘米。

4. 鱼种放养

鱼种放养前均用 2%～3%食盐水浸泡消毒 10～20 分钟。10～15 厘米鱼种放养密度为 100～200 尾/米^2。在集约化高密度养殖条件下，个体大小会出现差异，继续养殖会出现两极分化，影响养殖效果，因此在养殖过程中每隔 1～2 个月要分池一次，保证每个池鲟鱼规格整齐。

5. 饲料投喂

规格 10 厘米/尾的杂交鲟鱼种已经完成转食驯化过程，因此直接投喂鲟鱼人工颗粒饲料。投喂蛋白质含量为 40%～50%的饲料，要求饲料大小适口，营养全面，采取定时、定质、定点、定量投喂。日投饲量占鱼体重的 2%～5%，日投喂次数为 2～3 次，并根据水温、摄食及活动情况，合理调整投喂量。

6. 养殖管理

（1）换水　深井水经曝气、增氧后，通过管道送到鲟鱼养殖池，养殖池保持微流水，早期水交换量以每天 1～2 次为宜，每次交换量为 10%，中期水交换量以每天 2～3 次为宜，每次交换量为 15%，后期水交换量以每天 1～2 次为宜，每次交换量为 10%。

（2）溶氧量控制　通过放置气石使养殖池溶氧量保持在 6～8

毫克/升。

(3) **温度调节** 春、秋季节加盖塑料薄膜保温，冬季通过加盖塑料薄膜、草帘保温；夏季采取用黑色双层遮阳网将温室大棚遮盖起来，防止阳光直接射入，使室内温度升高，同时可以减小光照强度，有利于杂交鲟的生长。

(4) **加强通风** 主要在夏季采用此法，一般随着外界温度的升高，逐渐加大通风面积和延长通风时间。通常夏季中午将前后门打开，保持通风状态。遇到天气突变的晚上，及时将门关上，防止水温骤降使鲟鱼产生应激反应，造成不必要的损失。

(5) **日常管理** 养殖池要定期排污和洗刷池子，保持池水清新。全天充气，保持溶氧量充足。春季、秋季是杂交鲟生长旺季，通过增加水流量和多投饵料促进其快速生长。坚持“三查一记”。“三查”指检查杂交鲟活动、吃食情况；检查进、排水设施是否完好；检查有无剩料。“一记”指每天做好生产记录。每天坚持早、晚巡池一次，发现问题及时采取措施。

(6) **鱼病防治** 坚持“防治结合，以防为主”的原则，除在鱼种放养前用2%～3%食盐水浸洗10～20分钟外，定期用3%～4%盐水浸洗鱼体3～5分钟。引进的鱼种经过严格检疫，阻断病原。同时，要保证饲料的营养和新鲜度，定期在饲料中添加大蒜素或喷洒EM菌等方法来增强鱼体抗病力。平时注意保持鱼池环境清洁卫生、水质清新和溶解氧充足，及时清除池内积存的残饲、粪便。渔具网具经常曝晒消毒。

(五) 上市和营销

由于近年来鲟鱼的大量养殖，集中上市影响鲟鱼的销售价格。因此，该场一般选择在每年的4月投放鱼种进行商品鱼养殖，在国庆和春节期间上市，这样既保证了养殖期间水温条件的稳定，又能在节假日期间得到相对较高的价格。销售途径主要是各水产批发市场以及鲟鱼养殖专业合作社各养殖户之间互相介绍销售渠道。

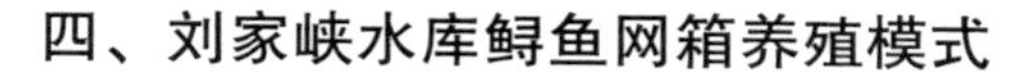

四、刘家峡水库鲟鱼网箱养殖模式

（一）基本信息

养殖户刘贞良是甘肃省临夏州永靖县岘塬镇刘家村农民，进行鲟鱼网箱养殖已有 3 年的时间，养殖经验丰富。近年来，鲟鱼人工养殖在甘肃刘家峡水库发展迅速，短短两年的时间，水库鲟鱼养殖规模由原来的 13 340 米^2 发展到现在的约 66 700 米^2，养殖效益显著。

（二）放养与收获情况

2012 年 5 月 12 日，购进鲟鱼苗 3 万尾进行人工饲养。随着个体逐渐长大适当调整网箱规格及放养密度，放养与收获情况见表 9－7。

表 9－7　水库网箱养殖鲟鱼的放养与收获情况

放养时间	放养规格（克/尾）	放养密度（尾/米^2）	商品鱼规格（克/尾）	尾数（万尾）	产量（万千克）	销售价格（元/千克）	总利润（万元）
2012 年 5 月 11 日	15	200	400～1 500	2.85	2.14	35	23.6

（三）养殖效益分析

1. 养殖产量

2012 年 12 月 23 日开始出售，经过挑选达到商品鱼规格的有 2.13 万尾，收获商品鱼 1.6 万千克，平均尾重 750 克，个别鱼尾重达到 1.5 千克。达不到上市规格的 7 500 尾继续养殖，饲养至 2013 年 6 月 18 日陆续上市，于 7 月 20 日收获商品鱼 0.54 万千克。养殖周期共收获商品鱼 2.14 万千克，饲料系数 1.5，平均成活率 95%。

2. 经济效益

商品鱼平均售价 35 元/千克（网箱边价格），总收入 74.9 万元，生产成本 51.3 万元。其中鱼种费 18 万元，饲料费 26 万元、渔药费 0.3 万元，人员工资 6 万元，其他费用 1 万元。不含一次性固定资产投入成本，总利润 23.6 万元。

（四）养殖技术要点

1. 水域环境条件

刘家峡水库属于低温型水库，光照充足，水库周年水温变化在 0～24 ℃之间，水体透明度 60～100 厘米，pH7.5，表层溶氧量 6.5～8.3 毫克/升。水质清澈无污染，养殖用水符合农业部《无公害食品 淡水养殖用水水质》（NY 5051）标准要求。

2. 网箱设置

（1）网箱选址 养殖地点选择在永靖县岘塬乡刘家村盐沟水域，距永靖县城西南 1 千米处，临近公路，交通便利。

（2）框架设置 网箱框架用 4 厘米×4 厘米的角铁焊成，摆放成“一”字形或“品”字形。

（3）网箱设置 养殖鲟鱼网箱规格分为 2.5 米×2.5 米×2 米和 3 米×6 米×2.5 米两种，均为单层加盖网箱。网目尺寸在1.5～4 厘米，箱与箱间距为 1 米，便于水体交换和生产操作。

3. 放鱼前准备

挑选完好无损的网箱，拴牢固定在框架上，在鱼种入箱前 10 天网箱下水，使网衣上附着少量藻类而变得较为光滑，减少入箱鱼种被网衣擦伤的机会。

4. 苗种放养

（1）鱼苗放养 2012 年 5 月 12 日，从引育种中心（日光温棚）购进鲟鱼苗 3 万尾，到达水库边后，往活鱼运输箱中加注库区的养殖用水，当水库水温与运输箱中水温温差不超过±2 ℃时，将鱼苗缓慢放入准备好的规格为 2.5 米×2.5 米×2 米的网箱中。

（2）放养规格 鱼苗规格整齐，体质健壮。平均体重 15 克/尾，每尾体长 15～20 厘米。

（3）放养密度 放养密度为鲟鱼苗 200 尾/米^2。随着个体逐渐长大，适当调整网箱规格及放养密度。养殖规格达到 300 克/尾时，可以用 3 米×6 米×2.5 米规格的网箱替换原有的小网箱。

5. 饲料投喂

(1) 饲料选择　饲料选用鲟鱼养殖专用料，粗蛋白质含量在42%以上，饲料粒径 1.0～4.5 毫米。随着养殖个体的逐渐增大，选择粒径相应稍大的适口饲料。

(2) 饲料投喂　饲料投喂遵循“定时、定点、定质、定量”四定原则，坚持少量多餐。6—8 月每天投喂 4 次，投喂时间为 06:00、11:00、16:00、21:00；9—10 月每天投喂 3 次，投喂时间为 07:00、13:00、20:00；11—12 月每天投喂 2 次，投喂时间为 08:00、19:00。具体投喂量根据水温、鱼体生长情况和摄食情况等灵活掌握，随时进行调整，一般 1 周调整一次，日投饲率控制在 1%～3%（表 9-8）。

表 9-8　不同水温饲料投喂情况

水温（℃）	16	18	23	20	18	15
规格（克/尾）	15	25	50	100	300	>500
投喂次数（次）	4	4	4	4	3	2
饵料粒径（毫米）	1	1.5	2	3	4	4.5
日投饵率（%）	1	2	3	3	2	1

6. 病害预防

(1) 鱼病的预防　病害防治始终坚持“预防为主，防重于治”的原则。一般在鱼苗入箱前、筛选分箱时用 1%～3%的食盐水浸浴 3～5 分钟，消毒后再入箱，预防病害发生。操作过程要小心谨慎，避免擦伤鱼体而引发鱼病。

(2) 渔药的使用　渔药使用以不危害人类健康、不破坏水域生态环境为原则，严格按照农业部《无公害食品 渔用药物使用准则》（NY 5071）的要求，执行商品鱼上市休药制度，保证高效低残留。不使用违禁药品，不使用没有批准文号、没有生产许可证、没有产品执行标准的“三无”渔药。用药时考虑水体对流，适当加大药物剂量以保证药效。

7. 日常管理

（1）**勤巡查** 每天坚持早、中、晚巡箱，仔细观察鱼体摄食与活动情况，检查网箱有无破损或漏洞，发现破损及时修补。

（2）**倒箱筛选** 每10～15天，筛选箱内鱼体，按照大小规格分箱饲养，避免大鱼争食，提高整体生长速度。

（3）**网箱清洗** 每隔10～15天清洗网箱1次，及时清理箱体外漂浮的杂物和垃圾，保持网箱内外水流正常交换。

（4）**生产记录** 认真做好饲料、渔药等投入品使用记录，详细记录天气、水温、水位的变化情况以及鱼类摄食情况及死鱼情况。积累数据，总结规律，提高养殖水平。

（五）养殖经验及心得

① 做好放养前期准备，可充分提高鲟鱼苗入箱成活率。准备完好无损的网箱，提前10天网箱下水，使网衣附着适量藻类而变得柔软光滑，避免网衣粗糙擦伤鱼苗体表。②适时调整放养密度及网箱规格是当年养成大规格商品鲟鱼的关键。随着养殖个体的逐渐长大，必须适当降低放养密度，适时调整网箱规格，保证鲟鱼充足的生长空间。③科学投喂饲料是降低成本、保证效益的前提。坚持“四定”投饵，坚决杜绝饲料浪费。④定期筛选挑拣，按个体大小分箱饲养，使达到规格的商品鱼分批上市，满足不同时期的市场需求。⑤加强日常管理，坚持定期清洗网箱，保证水流畅通；经常检查网箱有无破损，并及时修补，防止因管理不当造成不必要的经济损失。⑥科学使用渔药，确保产品质量安全。渔药使用严格按照《无公害食品　渔用药物使用准则》（NY 5071）要求，严禁使用国家禁用、淘汰的渔药。

（六）上市和营销

刘家峡网箱养殖的商品鲟鱼主要销往甘肃省内各大水产品市场，但受外省鲟鱼大量涌入甘肃市场的影响，鲟鱼销售价格开始下滑，严重影响了养殖户的经济效益和养殖热情。随着鲟鱼价格的下

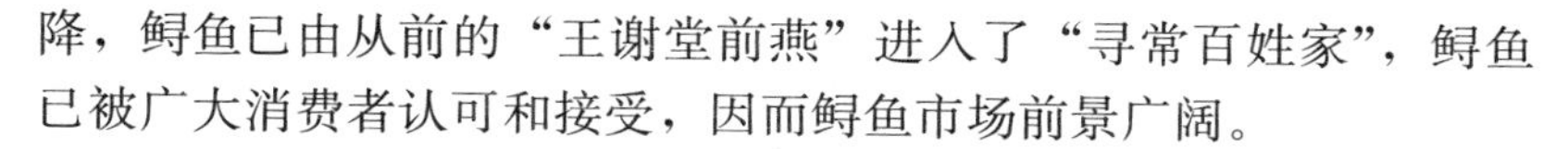

降，鲟鱼已由从前的“王谢堂前燕”进入了“寻常百姓家”，鲟鱼已被广大消费者认可和接受，因而鲟鱼市场前景广阔。

五、北京山野泉缘农庄养殖经营实例

（一）基本信息

北京山野泉缘农庄位于北京市密云区新城子镇苏家峪村，负责人为王晓凯。小区距密云区著名旅游景点古北水镇和国家级自然保护区雾灵山均不到 10 千米。安达木河及临近泉水为鲟鱼流水养殖创造了条件。北京山野泉缘农庄成立于 2002 年 7 月，流水养殖面积 6 667 米^2。近年来该农庄利用自身地理及水源优势，积极探索休闲渔业经营模式。

（二）休闲渔业经营情况

1. 提升产品品质，打造泉水鲟鱼品牌

该农庄于 2012 年 10 月自主研发了“山野泉缘”鲜活鲟鱼礼盒，采用专利技术的加氧包装桶贮存鲟鱼，在合适的温度下可保证存活时间达到 72 小时以上。凭借绿色、新鲜、美味的特点，“山野泉缘”鲜活鲟鱼礼盒上市后受消费者的青睐，产品销量逐年递增，截至 2013 年底累计销售活鱼礼盒 5 000 多盒，累计收入达 100 多万元。

2. 凭借地理优势，开展“农游对接”项目

随着密云区古北水镇及雾灵西峰旅游项目的开发，对周边民俗院的需求也不断增加，2014 年 2 月，该农庄联合苏家峪民俗旅游合作社，开展“农游对接”项目，在新城子苏家峪村投资建设休闲农庄，农庄可同时接待 200 人就餐，100 人住宿。截至 2014 年 10 月底休闲农庄已累计接待游客 1 500 人次，综合收入 18 万元。

3. 将养殖与餐饮结合，制作特色农产品

在密云区十里堡镇设立旅游接待处，以“绿色、养生”为主题，开设以泉水鲟鱼为主题的“鲟味绿色餐厅”，拓展产品销售渠道。该农庄还积极开发休闲渔业相关产品。该农庄林区长期散养蛋鸭，并用古法黄泥腌制，制成特色咸鸭蛋产品。鲜活鲟鱼礼盒和散养古法腌制咸鸭蛋成为农庄吸引游客的特色农产品。

（三）经营效益分析

通过开展综合经营，2014年鲟鱼年产量达5万千克，年产值达200万元，经营成本为140万元，其中苗种费、人工费等养殖成本120万元，餐饮用房租赁等经营成本20万元，实现年利润为60万元。该农庄不断向休闲产业方向发展，也成为带动周边40户农民共同致富的重要途径。

（四）经验和心得

① 抓住发展机遇，丰富产品种类。随着城市生活压力的增加，越来越多的人喜欢到郊区放松身心，这为发展山区休闲产业提供了机遇。渔业的发展要坚持“绿色，健康”的宗旨，同时通过包装等途径做精做优特色水产品，增加产品附加值。②依托自身优势，积极拓宽经营途径。借助农庄距旅游景区近，鱼产品质优味美等优势，通过将养殖与餐饮结合，产品销售与旅游结合等方式拓展经营范围，提高综合经营收入。③加强产品宣传，打造品牌效应。主动利用电视、网络等平台进行营销与宣传，打造产品品牌，提升农庄知名度。同时做好水产养殖，不断完善基础设施，丰富产品种类，提高农庄休闲品质。

六、北京市房山区鲟鱼流水养殖模式

（一）基本信息

卢俊仪，北京市房山区十渡镇平峪村人，采用流水养殖模式，占地面积4 000米^2，主要养殖鲟鱼苗种和商品鱼，其中苗种培育区1 667米^2，包括102个半径1米的玻璃钢苗种培育池和8个27米×10米的水泥长条池；商品鱼养殖区1 667米^2，包括27个半径3米的水泥池。有近10年的鲟鱼养殖经验。在设施方面，配备有液氧设备和简易循环水处理设备以及水质检测设备。

（二）放养与收获情况

主要养殖品种包括施氏鲟、西伯利亚鲟、杂交鲟等，苗种可以全年培育，从水花养殖到15厘米销售，每批次需要2.5个月。商品鱼养殖为每年5—12月，养殖密度为32千克/米^3，经过7～8个月养殖达到1千克左右上市。

1. 育种情况

该养殖模式苗种培育详见表9-9。

表9-9　苗种培育和收获情况

养殖品种	育种周期	投放规格	收获规格
施氏鲟	2.5个月	水花	15厘米左右
西伯利亚鲟	2.5个月	水花	15厘米左右
杂交鲟	2.5个月	水花	15厘米左右

2. 商品鱼养殖

鲟鱼的投放和收获详见表9-10。

表9-10　各种鲟鱼放养和收获情况

养殖品种	养殖周期	投放规格	收获规格
施氏鲟	7～8个月	15厘米左右	1千克左右
西伯利亚鲟	7～8个月	15厘米左右	1千克左右
杂交鲟	7～8个月	15厘米左右	1千克左右

（三）养殖效益分析

1. 商品鱼养殖

（1）成本　年租赁费2万元；鱼种费10万元（放养4万尾体长15厘米苗种，单价为2.5元/尾）；饲料费34万元；渔药费、人工费及电费 10 万元。总成本 56 万元。

（2）产值 年生产成鱼 2.5 万千克，鲟鱼市场价为 30 元/千克，总产值为 75 万元。

（3）年利润 75 万元－56 万元 ＝ 19 万元。

2. 培育大规格鱼种

（1）成本 苗种费 24 万元（购买 60 万尾水花）；饲料费 25 万元，渔药费、人工费、水费及电费共 24 万元。总成本 73 万元。

（2）总产值 收获体长 15 厘米鱼种 45 万尾，2.5 元/尾，总产值 112.5 万元。

（3）苗种培育年利润 112.5 万元－73 万元＝39.5 万元。

3. 养殖场总利润

年商品鱼和苗种利润合计 58.5 万元。

（四）经验和心得

① 主要养殖品种选择为鲟鱼。因为北京的地理纬度和全年水温变化非常适宜养殖鲟鱼，在一定程度上节约了养殖成本。②在流水池塘中采用了高效液氧装备，大大提高了养殖密度。通过变频装置控制液氧大小，通过气水压力罐使液氧和水流充分混合后再通入养殖池，使养殖池溶氧量控制在 9～10 毫克/升，养殖密度由之前的 15～20 千克/米^{3}提高到目前的 30～35 千克/米^3。③通过改造老旧流水设施，增加简易循环水处理设施，在一定程度上提高了养殖收益。这些设施主要包括蛋白质分离装置、生物滤料等。④养殖流程标准化管理，通过配备实验仪器，实时监测水质变化。⑤采用中草药预防疾病发生，大大提高养殖成活率。烂鳃、水霉病等症状是鲟鱼养殖过程中的常发病症，应用到的方剂配方有板蓝根、黄芩、黄柏、五倍子、大青叶等，应用具体方法如下。

以 1 个 667 米^2 池塘，水深 2 米计算，需要使用 1.3 千克草药，放在陶瓷锅（最好不用铁锅）中，加入适量的水（自来水、纯净水均可）浸泡 2 小时以上。再加入 10 升水煎煮 20 分钟后，取汁。在剩余的药渣中再加入 5 升煎煮 20 分钟。2 次煎煮的药汁混合后，即可泼洒。泼洒时，药液和药渣一起泼洒入池，可以再加入适量的池塘水，以保证泼洒均匀。当天只用 1 次，隔天再用 1 次，一共使用 2 次，可以预防水霉病的发生。

（五）上市和营销

① 和当地的佳源长兴养殖合作社提前签订购销合同，为苗种和商品鱼上市做好铺垫，价格不受市场波动影响。②和当地的大型养殖企业北京渔夫水产技术开发中心合作，进行苗种合作培育。③采取积极与酒店合作，推广“鲟鱼七吃”餐饮特色，推动鲟鱼特色营销。④通过市场开拓寻找客户群。

附　　录

国内优秀鲟鱼企业介绍

一、杭州千岛湖鲟龙科技股份有限公司

杭州千岛湖鲟龙科技股份有限公司成立于2003年4月，是以中国水产科学研究院为技术依托的科技型、外向型、国际型水产高新技术企业，是国家级鲟鱼良种场、亚洲最大鱼子酱加工中心、浙江省省级高新技术企业研发中心、杭州市院士专家工作站、浙江省农业企业科技研发中心（附图1-1）。主营业务涉及鲟鱼的全人工繁育、生态健康养殖、鱼子酱精深加工、鲟鱼的综合开发利用、食品质量与安全控制、国内外市场营销在内的全产业链综合开发领域。

附图1-1　杭州千岛湖鲟龙科技股份有限公司鲟鱼养殖基地

该公司养殖的鲟鱼为《濒危野生动植物物种国际贸易公约》附录Ⅱ物种，属于珍稀水产。目前主要养殖施氏鲟、欧洲鳇、达氏鳇、中华鲟、俄罗斯鲟、西伯利亚鲟6个鲟鱼品种，仅2014年，该公司繁育鲟鱼良种1 500万尾，总驯养量达到4 000吨左右，鱼子酱年加工产量首次突破20吨，是国内人工养殖鱼子酱产量最高

的企业。该公司生产的“卡露伽（Kaluga Queen）”牌鱼子酱（附图1-2）2012年、2013年分别获得中国农产品品牌博览会优质农产品金奖、浙江农业博览会优质产品金奖，是杭州市著名商标、出口名牌。

附图1-2　“卡露伽”牌鱼子酱

该公司的鱼子酱已出口到法国、德国、瑞士、卢森堡、西班牙、美国、日本等多个国家。2010年，该公司生产的鲟鱼肉首次外销以色列和格鲁吉亚，2011年又开拓了对阿塞拜疆、土耳其等多个国家的出口业务。

该公司积极参加国内、外鲟鱼保护组织，是世界鲟鱼保护学会（WSCS）的会员单位、中国野生动物保护协会水生野生动物保护分会鲟鱼专业委员会的主任委员单位、全国冷水性鱼类产业技术创新战略联盟的副理事长单位、全国水产标准化技术委员会水产品加工分技术委员会的单位委员等。此外，还作为主要起草单位参与了农业部发布的水产行业标准《鲟鱼子酱》（SC/T 3905）的制订工作。

该公司具备较强的科研创新能力，先后承担国家级、省级和中国水产科学研究院科研项目等10余项，获得授权专利15项（发明专利5项），先后获得农业部“中华农业科技奖”二等奖、浙江省科技进步二等奖、杭州市科技进步奖二等奖等多项科技奖励。特别是“鲟鱼繁育及养殖产业化技术与应用”的成果，2009 年获得国务院颁发的国家科技进步二等奖。先后被评为国家农业科技创新与集成示范基地、全国现代渔业种业示范场、国家重点扶持的高新技术企业、浙江省省级骨干农业龙头企业、浙江省技术创新与科技进步优秀企业。

该公司计划在未来 5 年，争取鲟鱼的总驯养量达到 7 000 吨，鱼子酱产量达到 50～60 吨，力争成为世界鱼子酱行业的龙头企业。同时，不断提升产品品质，扩大销售规模，拓展销售网络，稳步迈向“中国第一，世界前三”的发展目标。

该公司地址：浙江省淳安县千岛湖镇排岭南路 55 号二楼，邮政编码：311701，电话：0570－8075088，该公司网址：http：//www. caviar－china. com/，电子邮箱：xlkj@kalugaqueen. com。

二、北京鲟龙种业有限公司

北京鲟龙种业有限公司坐落在怀柔区美丽的九渡河镇局里村（附图 1－3），建于 1999 年，主要以鲟、鳇苗种繁育为主，以建设成为中国第一的“鲟鱼种业之都”为奋斗目标，经 10 多年的努力，鲟鱼苗种质量和数量不断迈上新台阶，实现了年供应鲟鱼苗种 2 000万尾，苗种销售覆盖我国北京、湖北、四川、辽宁、浙江、湖南、广东、江苏、江西、山东、云南、重庆、台湾等 20 多个省份，并远销韩国和越南，市场占有率已接近 70%，在同行业中遥遥领先。

该公司繁育基地紧依怀九河流域，属暖温带半湿润气候区，四季分明，春秋短促，冬夏较长，年平均气温 13 ℃，无霜期 189 天。地处北京工业区上游，污染少，植被净化能力强，水质清澈无污染，符合养殖用水一类水源标准。年平均水温为 17～25 ℃，冬季水温 15～16 ℃，夏季水温最高不超过 25 ℃（这个温度适合鲟鱼亲鱼在达到性成熟前进行体内脱脂，有利于鲟鱼的性腺发育，优于水温过低的东北和水温过高的南方），这是难得的鲟鱼育种的好地方。

附图 1－3　北京鲟龙种业有限公司

截至 2005 年，该公司自主培育的鲟亲鱼陆续成熟，首先进行西伯利亚鲟人工繁殖试验，并获得成功。之后，不断进行不同鲟鱼品种人工繁殖技术试验，2007—2011 年分别实现了人工养殖条件下施氏鲟、达氏鳇、俄罗斯鲟的成功自繁。为了实现全年有鲟鱼苗种供应的目标，2009 年西伯利亚鲟反季节人工繁殖又获得成功，到 2012 年、2013 年终于初步实现了全年的苗种供应目标。同时，还利用纯种鲟鱼的优良性状，进行多种组合杂交配种，培育出 10 个各具特色的杂交品种。2008 年在全世界范围内率先获得达氏鳇全人工繁殖技术的成功，该项技术处于世界领先水平（附图 1－4）。

从 2004 年起，该公司陆续在北京、重庆、河北、云南等 9 处天然泉水设置养殖基地，总养殖面积超过 53 万米^2，育有欧洲鳇、达氏鳇、史氏鲟、俄罗斯鲟、西伯利亚鲟以及十几个鲟鳇杂交品种，养殖总量超过 60 万尾。苗种生产饱和能力可达 1 亿尾以上。无论是养殖面积还是养殖总量，都堪称世界第一。

该公司认为，要发展我国鲟鱼产业，要从长远考虑，必须建立鲟鱼良种场，主要做好以下几件事：①要继续扩大养殖规模，至

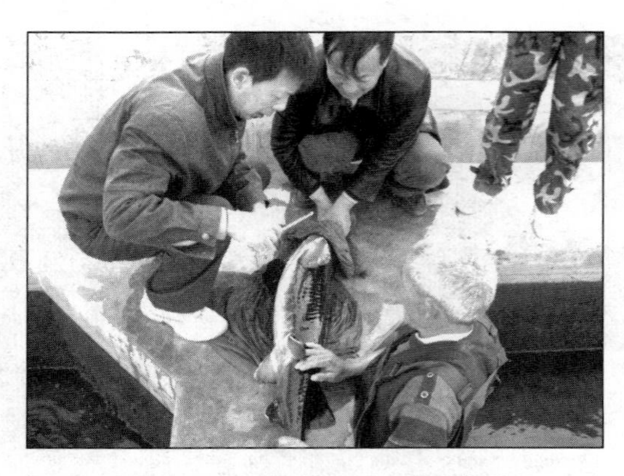

附图 1-4　鲟鱼的人工繁殖操作

2020 年养殖规模预计超过 67 万米^2，规模达到 100 万尾，主要养殖高品质的达氏鳇、俄罗斯鲟、施氏鲟、达氏鳇等品种。②以苗种生产为主业，保持国内鱼苗繁育优势地位，年产量达到 5 000 万尾（粒）以上规模，占领国内市场 80％份额。③提高原种保有率，争创国家级鲟鳇鱼原良种场。④建成 1～2 个鲟鱼产业园，开发农业观光产业，弘扬鲟鱼文化。

该公司地址：北京市怀柔区九渡河镇团泉村西 1 000 米，联系电话 010－69655011。

三、湖北天峡鲟业有限公司

湖北天峡鲟业有限公司成立于 1995 年，位于湖北省宜都市红花套镇清江绿色产业园，是专业从事鲟鱼驯养繁殖、鲟鱼制品加工与销售的民营企业（附图 1－5）。

该公司现为国家高新技术企业、湖北省省级农业产业化重点龙头企业，也是湖北省鲟鱼深加工技术研究中心（附图 1－6）和湖北省上市后备重点培育企业。国家发展和改革委员会授予“国家高技术产业化示范工程”，农业部授予“水产健康养殖示范基地”，国家知识产权局授予“全国知识产权试点单位”，国家标准化管理委员会

附图 1－5　“天峡牌”鱼子酱

授予“国家鲟鱼产业标准化示范区”，《濒危野生动植物种国际贸易公约》秘书处授予“养殖鲟鱼制品出口企业”。该公司通过了 ISO 9001：2008 质量管理体系认证、ISO 22000：2005 食品安全管理管理体系认证和出口食品卫生注册，欧盟 EU 和美国 FDA 注册；拥有自营进出口权，其“天峡”商标被国家工商总局认定为“中国驰名商标”。

附图 1－6　湖北省鲟鱼深加工技术研究中心

该公司拥有 40 多项专利与企业标准，先后荣获第 11 届“中国专利优秀奖”等多项省、部级奖励；该公司科研成果经农业部、湖北省科学技术厅鉴定为："建成了我国目前最大的鲟鱼养殖、繁殖与加工基地，项目总体水平国内领先，鲟鱼精深加工等多项技术国际领先"。

2014年，该公司发明的"地上新城镇、地下鲟鱼城"模式，被国家行政学院、人民网评选为全国新型城镇化十大案例。

第六届国际鲟鱼养护大会29个国家630多位专家和官员亲临天峡鲟业有限公司，高度评价道：湖北是世界鲟鱼王国当之无愧的核心区；天峡鲟业有限公司是全球鲟鱼产业名副其实的风向标；"天峡模式"是中国生物领域又一个世界级的贡献。

该公司地址：湖北宜都市红花套镇清江绿色产业园，邮政编码：443302，电话（传真）：0717－4889008，电子邮箱：txyy99@vip.163.com，该公司网址：www.tianxia－china.com。

彩图1

彩图2

彩图3

彩图4

彩图1　生态浮床
彩图2　载有微生物的复合纳米功能陶粒净化段（一）
彩图3　载有微生物的复合纳米功能陶粒净化段（二）
彩图4　水葱
彩图5　菖蒲

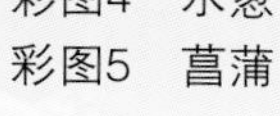

彩图5

彩图6　香蒲
彩图7　千屈菜
彩图8　芦苇
彩图9　表面径流人工湿地

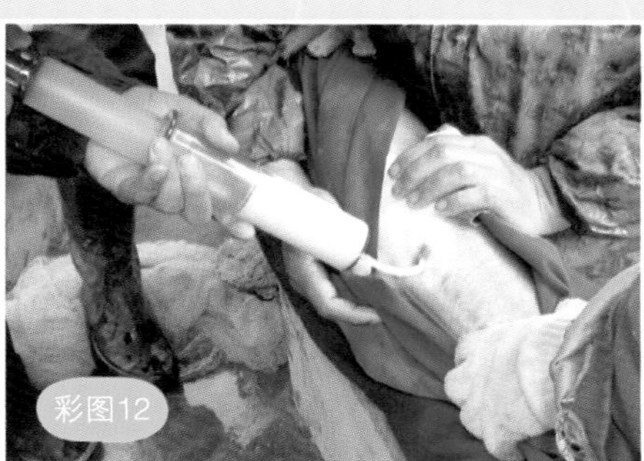

彩图10　碳素纤维生态草的悬挂式安装

彩图11　碳素纤维生态草在浮床下的悬挂安装

彩图12　鲟鱼精液采集

彩图13　鲟鱼卵采集

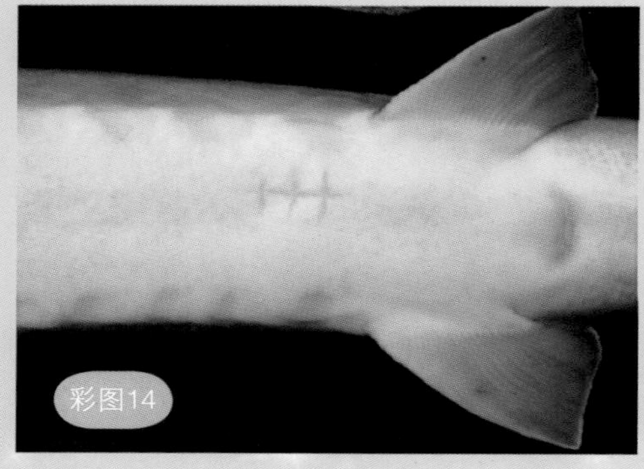

彩图14

彩图14　手术取卵后鲟鱼伤口愈合情况
彩图15　鲟鱼瓶式孵化器
彩图16　鲟鱼Ⅰ号孵化器
彩图17　西伯利亚鲟

彩图15

彩图16

彩图17

彩图18

彩图19

彩图20

彩图21

彩图22

彩图18　匙吻鲟
彩图19　杂交鲟
彩图20　玻璃钢水槽培育鲟鱼苗种
彩图21　水泥池培育鲟鱼苗种
彩图22　长方形鱼池

彩图23　圆形鱼池
彩图24　鲟鱼工厂化养殖的简易温室
彩图25　鲟鱼网箱养殖

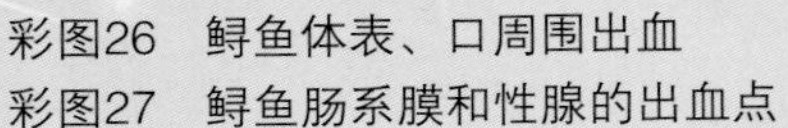

彩图26　鲟鱼体表、口周围出血
彩图27　鲟鱼肠系膜和性腺的出血点

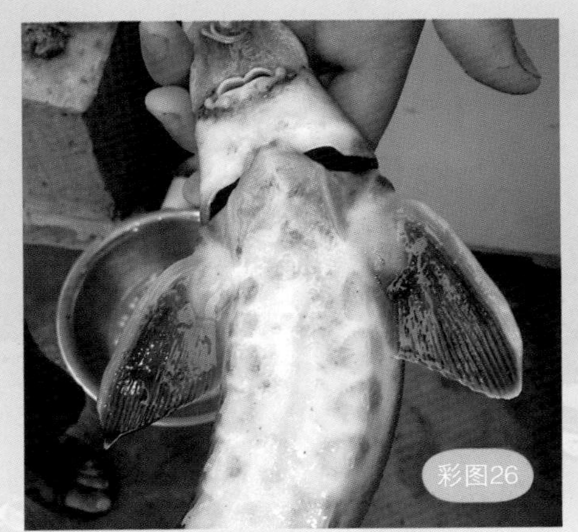

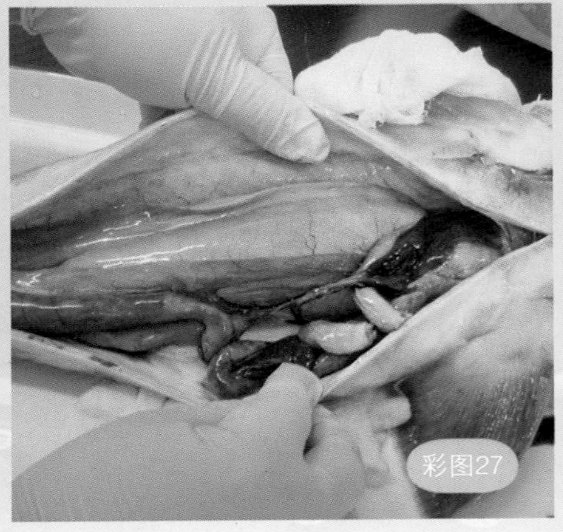

彩图28　鲟鱼鳃部下方出血、肛门红肿
彩图29　鲟鱼肝脏出血
彩图30　鲟鱼腹部膨胀
彩图31　鲟鱼腹部充满黄色液体，脏器萎缩
彩图32　鲟鱼肾脏上出现白色结节

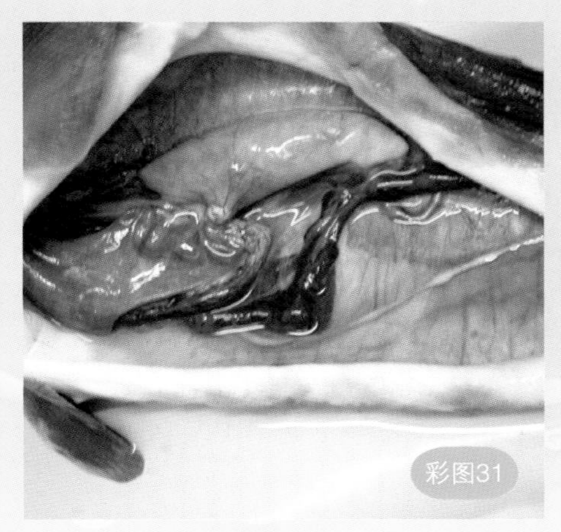

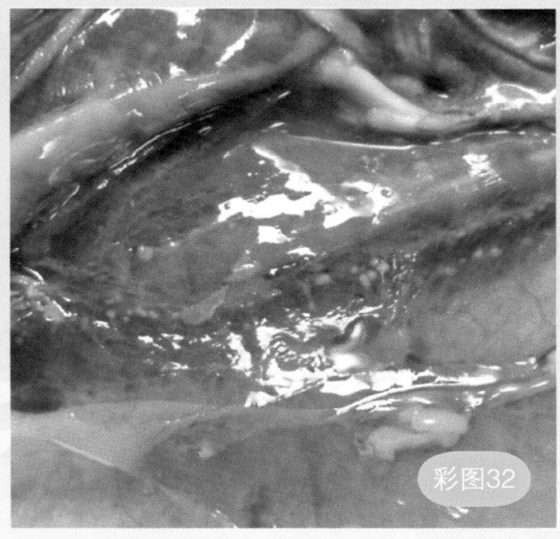

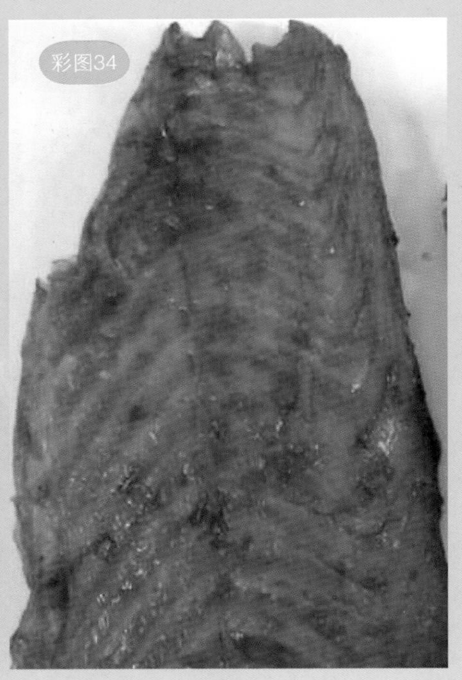

彩图33　发酵鲟鱼肠
彩图34　熏制鲟鱼片
彩图35　鲟鱼脊骨中提取的硫酸软骨素
彩图36　鲟鱼鱼籽酱
彩图37　鲟鱼皮包